猫の都イスタンブールに住んでみた

アジアねこ散歩 著

ハーパーコリンズ・ジャパン

はじめに

ある夏の日――その日も僕はいつものように、日陰のベンチに座って空を見上げていました。イスタンブールの夏は、日差しがギラギラと照りつけて、とても暑いんです……。でも日本の夏と違うのは、空気がカラッと乾いていること。吹きつける風はさわやかで心地良くて、空は抜けるように広く青く、キラキラしていてまるで海のよう。ベンチで少し休憩してから、僕は公園に向かうことにしました。

この日やってきたのは、海辺に位置するフェネルバフチェという公園。地域猫がたくさん住む、イスタンブールでも最大規模の公園です。猫たちはもちろん、近隣に住む人たちの憩いの場にもなっていて、散歩やサイクリング、ピクニックなどをして、みんな思い思いに過ごしています。

公園に到着すると、お腹を空かせた猫たちが「ニャー」とうれしそうに鳴きながら近寄ってきました。そう、こんなふうにごはんをあげに来るのが僕の日課。〝カリカリ〟という軽やかな音が、あたりに響きます。猫たちのまわりには、地元の人たちが作ってあげた「猫のおうち」がちらほら——その光景に、つい顔がほころびます。

〝猫の都〟と呼ばれるイスタンブールに来て、早3年。今ではおなじみのこんな光景も、移住した当初は驚きと感動の連続でした。街ぐるみで猫とともに暮らしているこの街に居を移してから3年のあいだに、本当にいろんなことを経験しました。そして、いつもそこにはイスタンブールの人たちの温かい優しさがありました。

日本では「イスタンブールってどんな街？」「猫の都ってどういうこと？」と、まだまだなじみのない方がほとんどだと思います。そこでこの本に、僕がイスタンブールの移住生活で発見したことや感じたことを、つづっていきたいと思います。

みなさんにも一緒に、異国の暮らしを楽しんでもらえたらうれしいです。

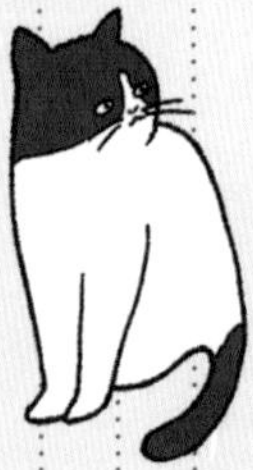

ISTANBUL MAP
クズグンジュック
Kuzguncuk
ユスキュダル
Üsküdar
乙女の塔
カドゥキョイ
Kadiköy
フェネルバフチェ公園
N
W
E
S

エユップ・
スルタン・モスク
タクシム広場
バラット
BALAT
ガラタ塔
グランドバザール
トプカプ宮殿
ガラタ橋
Restaurant
アヤソフィア
トルコ

Seni Tanıdıgım güne
Bırak Beni
Bir Daha Hiç
Karşılaşmayalım

Part 1

そうだ、トルコへ行こう！

トルコへ行くと決めた日

学生時代からバックパッカーとして、たくさんの国を旅してきた僕。そんな僕にとって「海外に住むこと」は、長年の、そしていつか叶（かな）えたい夢でした。でもそうは思いながらも、一歩踏み出す勇気はなかなか出ず、いつも旅行止まり……。

社会人になって働き始めてからも、「海外に移住したい」という気持ちは消えることなく、むしろどんどん強くなるばかり。やがて学生時代からの彼女と結婚しましたが、旅が共通の趣味だった僕たちは、二人そろってその想いを募らせていきました。そうして二人で相談を重ね、ある年、思い切って仕事を辞めることに——それまでの貯蓄で「移住先探しの旅」に出ることにしたのです。

フィリピンからスタートした僕たちの旅。3歩進んでは2歩下がるような道のりで、インドの山奥の村に1年近く滞在したこともありました。さまざまな異国の景

インドの山奥ダラムサラ

フィリピンで出会った売店の猫

色を見ながら、移住先について考える日々。そんななか、ふと「そうだ、トルコへ行こう」と思い立ったのでした。

日本の約2倍の大きさを誇る、中東の国トルコ。「トルコで暮らしてみたい」と思ったのにはいくつか理由があります。そもそも、今まで東南アジアの国々を中心に見てきた僕たちにとって、中東のイスラム圏に住むのは少しハードルが高いかもと身構えていました。だけどトルコを訪れた友人が、みんな口をそろえて「いいところだ」と絶賛するのです——聞けば、アジアとヨーロッパの架け橋として栄えてきた経緯があり、古代ギリシアやローマ帝国、オスマン帝国など、さまざまな歴史や文化が混在していて、見どころは尽きないそう。それから、食。トルコ料理といえば「中華料理」「フランス料理」と並び、ご存じ世界3大料理のひとつ。サバサンドやケバブといった、聞いただけでもよだれが出そうな独自色強めのグルメが豊富とのこと。きっと、ほかにもまだまだ僕の知らない絶品料理がたくさんあるに違いない……。

そしてもうひとつトルコに惹かれた理由、それが「猫」でした。トルコは「猫の楽園」として有名らしく、世界一猫に優しい国だと話には聞いていました。街の至るところに猫がいるそうで、とりわけ妻が大の猫好きなので、もともといつかは行ってみたい国のひとつだったんです。

歴史と文化、おいしい食事に猫——僕が好きなものが一堂にそろっている、こんなに魅力的な国はトルコしかないんじゃないか!? ちょっと運命めいたものを感じたのを覚えています。

国の次は、どの都市に滞在するか決めることに——色々と調べながら決めたのがイスタンブールでした。

トルコの首都はアンカラですが、活気に満ちた勢いを感じるのは断然イスタンブール。経済の中心であると同時に、歴史的建造物が多く残る旧市街は街ごと世界遺産に指定されるほど、歴史が深いこの街。手つかずの自然が残る地方の村々も魅力的ですが、やや排他的なところもあるそうで、現実的な住みやすさを考えるとイスタンブールが唯一の選択肢に思えました。

こんな具合で、イスタンブール行きを決めた僕たち。そこからの行動は早いものでした。すぐさま航空券を手配して、荷造りをして……準備をしながら「もしかしたら今が人生で一番ドキドキしている瞬間かもしれない！」なんて、まるで子どもの頃に戻ったみたいに興奮していました。

とはいえ、懸念点もありました。そのひとつが、トルコの通貨である「トルコリラ」がどんどん安くなっていること。これがもし急激に進むと、経済や治安が不安定になるんじゃないか……あくまでもニュースで得た情報なので、直接現地に行ってみないとわからないけれど、正直不安でした。一度不安が頭をよぎると「日本とは文化がまったく違う国で果たして生活できるだろうか？」「差別をされるんじゃないか？」と、次々に心配になってきて、ワクワクする反面、出発日が近づくにつれてまるでマリッジブルーのような気持ちに……。

そして迎えた出発当日。「海外移住」というと、とんでもない大荷物を持っての移動を想像されるかもしれませんが、僕たちは身軽なもので、荷物はそれぞれキャリーバッグひとつだけ。関西国際空港発の深夜便だったため、空港内はお店も閉まっていて静かで、人はまばら。閑散とした空港内で搭乗を待ちながら、期待と不安が入り混じった気持ちで、この先待っている日々に思いを馳(は)せたことをよく覚えています。

出発当日。人はまばら

トルコ到着！

関西国際空港を出発し、ドバイを経由して20時間にわたる空の旅――僕たちがイスタンブール空港に到着したのは２０２１年3月、夕方のことでした。

トルコは日本と同じく四季があるんですが、春の訪れを待ちわびる3月はまだまだ肌寒い日が続きます。その日も寒くて、空もなんだか薄暗くどんよりとしていて……まるで先行きに不安を感じていた僕の心情をあらわしているみたいでした。

そう、知らない国に移住するとあって、海外旅行には慣れている僕もやはりどこかナーバスになっていました。トルコがどんな国なのかまだよく知らないし、家も決まっていないし……正直、初日からここまで気持ちがどんよりしていて大丈夫か!?　と感じるほど。

でも、ふとあたりに目をやると、イスタンブールの街並みは色とりどりで、まるでおとぎ話の世界に入り込んだよう。路地では子どもたちがキャッキャと楽しそうに遊んでいて、路上のチャイ屋さんではおじさんたちが談笑していて……。そんなのどかで楽しげな風景に、不安だった僕の心は少し温かくなりました。

街にはちょっとした小高い丘が多いんですが、僕たちもこのあたりを一望できる丘にあがってみました。そこから見えた、オレンジ色の屋根が一面に広がった、異国情緒にあふれる街並み――「これから、この国で暮らすんだ」と感慨深い気持ちで眺めたあの風景は、今でも色鮮やかに思い出せます。

丘から見える景色

「グーー」……ホッとしたと同時に、襲ってきたのは空腹。そういえばイスタンブールに到着するまでは緊張と不安でいっぱいで、ちゃんとした食事もまだとっていなかったのでした。お腹が空くのは当たり前……。

とにかく今すぐ何か食べたい！　そこで、ふと目に入った小さなパン屋さんへ入ることに。店内に入るとパンの香ばしい匂いとともに、店主らしき年配のおじさんが明るく出迎えてくれました。優しい笑顔につられて僕も自然と笑顔になり、事前に調べていたトルコ語で「メルハバ（Merhaba）！」と挨拶しました。

それ以外のトルコ語はもちろん、パンの買い方も種類もわからない僕に、店員さんは身振り手振りでどのパンがどんな味なのかを説明してくれます。そこで一番オーソドックスな種類だというエキメッキ（トルコ語でパンのこと）をひとつ買いました。

初めて食べたトルコのパン。そのお味は……ものすごくおいしい！　窯で焼かれた外側はパリッパリで、中はひとたび噛めばシュワッと溶けるような軽い歯ごたえ。素材の味を最大限に引き出していて、シンプルでも深みがある味。形も大きさもラグビーボールのような立派なパンだったので、食べきるには何日もかかりそうと思っていたんですが、1日ですぐ食べきってしまいました。「トルコのパンってこんなにおいしいの!?」と、美食国家のうれしい洗礼をさっそく受けたのでした。

パンを食べたあとは、家を契約するまで過ごす民泊先へ。大家さんが「おー！よく来てくれたね！」と言わんばかりの笑顔で歓迎してくれました。夕食を調達するためにスーパーに行くと、困っていることはないか？　と買い物中のお客さんが話しかけてくれたり、探し物をしているとどこにあるか親切に教えてくれたり、「『ポシェ』と言ったらビニール袋をもらえるよ」と現地の人しか知らないことをレジの店員さんが教えてくれたり……。どこに行っても優しく迎えられて、1日の終わりには、到着時に感じていた不安もすっかり吹き飛んでいました。

――これが記念すべきイスタンブール1日目の話ですが、ちなみに初日からもう、僕はこの街が「猫の街」だと実感することになります。というのも、先ほど話に出てきた路上のチャイ屋さん。井戸端会議に花を咲かせるおじさんたちのなかに、え……猫もまじってる!? そう、あまりになじんでいて見落とすところでしたが、空いている席に猫がちょこんと座り、まるで一緒に話しているみたいに参加していたのです!

本当に猫がどこにでもいる街なんだなぁ――そう思った僕でしたが、思っていた以上にこの街が「猫の都」だと、これから知っていくことになるのでした。

ラグビーボールみたい!? なパン

民泊もかわいい。おとぎ話に出てきそう

カラフルな街並み。柵のあいだからひょこ

トルコ生活、スタート

ついに始まったトルコ暮らし。まずは民泊に滞在してイスタンブールでのお試し的な生活がスタートしました。

イスタンブールでの生活が始まってから一番驚いたことは、なんと言っても物価の上昇率。移住当初は物価が安いことでひそかに有名だったトルコですが、2021年11月以降のトルコリラ大暴落の際には、日本では考えられないほどの物価上昇を経験しました。

たとえばスーパーで売られている食品もみるみるうちに値上げされていくので、値札の貼り替えが追いつかないほど。レジで支払う金額と値札に誤差があっても、いちいち指摘もできないくらい。気づけば桁がひとつ変わっているような様相で、目が飛び出しそうな日々も経験しました。これがまとまった額の家賃ともなると、もう大変……。恐ろしいことに家賃が1年で数倍になったりすることもザラです。

じゃあイスタンブールの人はどうしているのかというと、トルコリラで給料をもらうと、すぐにドルやユーロ、金に換えて、「資産を守る行動」をしているんです。みんな総じてお金への意識がかなり高くて、物価高の影響を極力抑えるため日々努力している姿に驚きました。

2つめに驚いたことは、一部の食品には「公定価格」があるということ。初日に食べたあのおいしいパンの値段も、びっくりするほど安いな〜と思っていたんですが、調べたところ、実はトルコは世界一パンを食べる国と言われ、政府が公定価格を設定するほどパンは生活に身近なもの！（どうりでおいしいはずです）価格は安いまま通年安定しています。国がパンの価格を決めるなんて……！　と驚きましたが、よく考えたら日本でも主食である米を守るために、お米農家への補助や輸入規制がありますよね。それと一緒でトルコでも、主食として大切なパンを守っているのだと思います。

トルコはパン大国

スーパー前にも猫

そして3つめがイスタンブールの〝喫煙率〟。日本では屋外でも指定の場所でタバコを吸わないといけませんが、イスタンブールではそんなことお構いなし。若者から老人まで、ありとあらゆる世代が街中では一斉にタバコを吸っています。

路上や公園はもちろん、なんとバス停でまで……あらゆるところで煙がもくもくと立ちのぼっているんです。残念なことにタバコのポイ捨ても多いので、イスタンブールの自治体では清掃員を雇い、街をキレイにしているんだとか。

……と、ここまで聞くと「え？……イスタンブールって、なんだか暮らしにくそうな街だな」と思われるかもしれませんが、いえいえ、そんなことはありません。スーパーやショッピングモールは街の至るところにあるので、買い物に困ることはまずありません。少し下町のようなエリアに出れば、昔ながらの肉屋さんや魚屋さんも見られ、そんな店では頼めば食材のカットもしてくれます。停電や断水も年々減ってきて、地下鉄路線は拡充する一方。住環境が整っていて、どの家もキッチンが広く、大きなオーブンや食器洗い機がついているのもうれしいところ。

正直、日本で暮らしていたときよりも広くて快適な部屋に、格安な家賃で住めたのはうれしい誤算でした。これまでに旅したほかの国と比べても、かなり住みやすく快適なのではないかと思います。

結局、ほかの都市もいくつか見てまわったあと、「やっぱりイスタンブールがいいね!」と、この街で家を借りて本格的に暮らすことにした僕たち。振り返ってみれば、最初からなぜか「イスタンブール」に惹かれていた、あの直感は間違っていなかったんだなあと思います。

建物が色あざやか

猫の都

最初にお話ししたとおり、僕がトルコへ移住した理由は魅力的な歴史と文化、おいしい食事、そして「猫」。行く前からイスタンブールが猫に優しい街だということは知っていましたが、そんな言葉では甘いくらい、この街の「猫具合」は僕の想像をはるかに超えていました。

初日にチャイ屋さんで、おじさんたちの井戸端会議にまじっている猫を見かけたりと、「え!?」と興味をひかれる光景はあったものの、まずは自分たちがこの街での生活に慣れなければと、猫探しは後回しにするつもりでした。……が、「猫探し」なんてする必要がないほど、街のどこに行っても猫・猫・猫！　1日に出会う猫の数とその出没率に驚愕（きょうがく）しました。うれしい悲鳴とは、まさにこのこと！

猫はなぜかバイクの上が好き

街中で、こだわりの爪とぎ場所

そして、イスタンブールに暮らす猫たちには、ある特徴がありました。それは「とっても人に慣れている」ということ。日本にいる外猫だと、人間が通ったらさっとどこかに隠れたり、警戒したりと、ほとんどの場合近づくことすら難しいですよね。でもイスタンブールの猫たちは、僕が通りかかると、なんと向こうから「頭突き」で挨拶してくれたり、「撫(な)でてくれ〜！」と鳴いてアピールしたりするんです……。僕が思っていた「外猫」と、なんだか違う……!?

今でこそ当たり前と思える「猫との共存」も、イスタンブールへ来た当初は本当に、目にする光景すべてが驚きの連続でした。でもこの街について知れば知るほど、イスタンブールの猫たちがどうしてこんなにも人懐っこいか……その理由がわかってきました。

僕が越してきた街は、まさしく「猫の都」だったんです。

テラス席を占領中

海辺にも、くつろぎ中の猫

TEA BREAK

トルコは親日？

「トルコは親日」という話はよく出てきますよね。僕もトルコに来る前からそんな噂は知っていたんですが、実際に住んでみると、必ずしもそうとは言えないのかな、と思うようになりました。

たしかにトルコでは「日本が好き！」と言ってくださる方が多いです。特にだいたい40代以上のトルコ人男性からは大人気。かつて日本の家電製品が世界を席巻し、日本が世界有数の経済大国になった頃のイメージのまま「日本人は勤勉ですばらしい」「日本の会社はすごい」と僕にまで熱く褒めてくれます。よく行くケバブ屋さんのおじさんなんかは、僕が行くと「アイラブジャパン！」と連呼しながらいつもケバブを作ってくれるくらいです。

１００年以上前にオスマン帝国の船の遭難を日本が救った、エルトゥールル号事件のことを覚えていてくれる方もたくさんいます。大昔からトルコと日本は縁があり、兄弟のようだと言ってくれる人も。

もちろんそんな言葉はとてもとてもうれしいのですが、たとえばトルコで家電量販店に足を運んでみると、残念ながら日本メーカーの商品を見かけることはほとんどなくて、他国のメーカーに押されぎみなことがよくわかります。スマホもテレビも冷蔵庫も、日本のものを使っている人は少ないように思います。トルコの若者文化を見てみても、日本のアニメが好きな人だってたくさんいますが、韓国のアイドルが好きな人も多くて、いずれにせよ日本が圧倒的な存在というわけではないように感じます。

日本人に対して悪い印象を持っている人はたしかにほとんどいないと思います。ただ、旅行者の方が感じる「トルコは親日!」というイメージの裏には、トルコ人のもてなし上手な気質も大いに関係しているのでは、と思います。どこの国から来た人に対しても「あなたの国が大好きです」と本心から言える、トルコ人のホスピタリティ。これが現実とのギャップを生んでいるのかも。実際にトルコに住んでみないとわからないことでした。

PART 2

イスタンブールは猫の都

道を歩けば

トルコを移住先に選んだ理由のひとつは、「猫がたくさんいる」と聞いていたからですが、実際のイスタンブールの猫事情は、僕が想像していた以上にとんでもなかったわけで……。この章ではいかにイスタンブールが「猫の都」かを紹介していきたいと思っています。

まずはイスタンブールがどれほど「猫だらけ」かについて。「道を歩けば猫に当たる」と聞いていたとおり、この街では猫に出会わずに目的地へ行くのは不可能なほどで……たとえば休日、電車に乗って街へ出かけようとしたら、どんな場所で猫に会えると思いますか？

僕の場合、まず家を出てアパートのロビーに行くと、警備員ならぬ〝警備猫さん〟に会えます。この子はもともと地域猫だったけれど、いつからか僕が住んでいるアパートに住みつくようになった子。今では警備員のおじさんと仲良く業務（不審者がいないか、変わったことがないかの点検）を遂行しています。しかも住民とエレベーターに一緒に乗って、部屋の前まで警備をしてくれるんです。

ただちょっと困ったことに、時々部屋の中まで入ってきてしまうほど好奇心が旺盛……。しかも一度入るとなかなか出ていってくれないので、いつもごはんでエレベーターまで誘導し、1階へ送り届けるのが

ロビーの警備猫さん

寝っ転がるのもお仕事

部屋もチェック！

エレベーターもへっちゃら

ルーティーン。実はこれ、警備猫さんがごはんが欲しいときの常套手段なんですが、「やれやれ……」と思いながらも、そのかわいさがたまらなくて、いつもロビーと部屋を往復してしまいます。

警備猫さんに「いってきます」の挨拶をしてアパートを出たあと、駅までの道中でも、もちろん猫たちに会えます。というのも、駅に行くあいだにバイクの修理屋さんやアンティーク雑貨店、タトゥー屋やタバコ屋などが立ち並んでいるのですが、そのそれぞれの店先にはほぼ100％の確率で猫がいるんです。特にタトゥー屋さんのようにちょっと怖そうなお店の人にかぎって保護猫活動に熱心だったり。街の人たちの面白い生態が猫を通して見えてきます。

そして駅に到着。日本では駅に猫が住みつくと珍しいので「猫駅長誕生！」とメディアにも取り上げられて大人気になりますが、イスタンブールではあまりにも一般的すぎるので、駅に猫がいても誰も驚きません。

地下鉄改札の上でぬくぬく

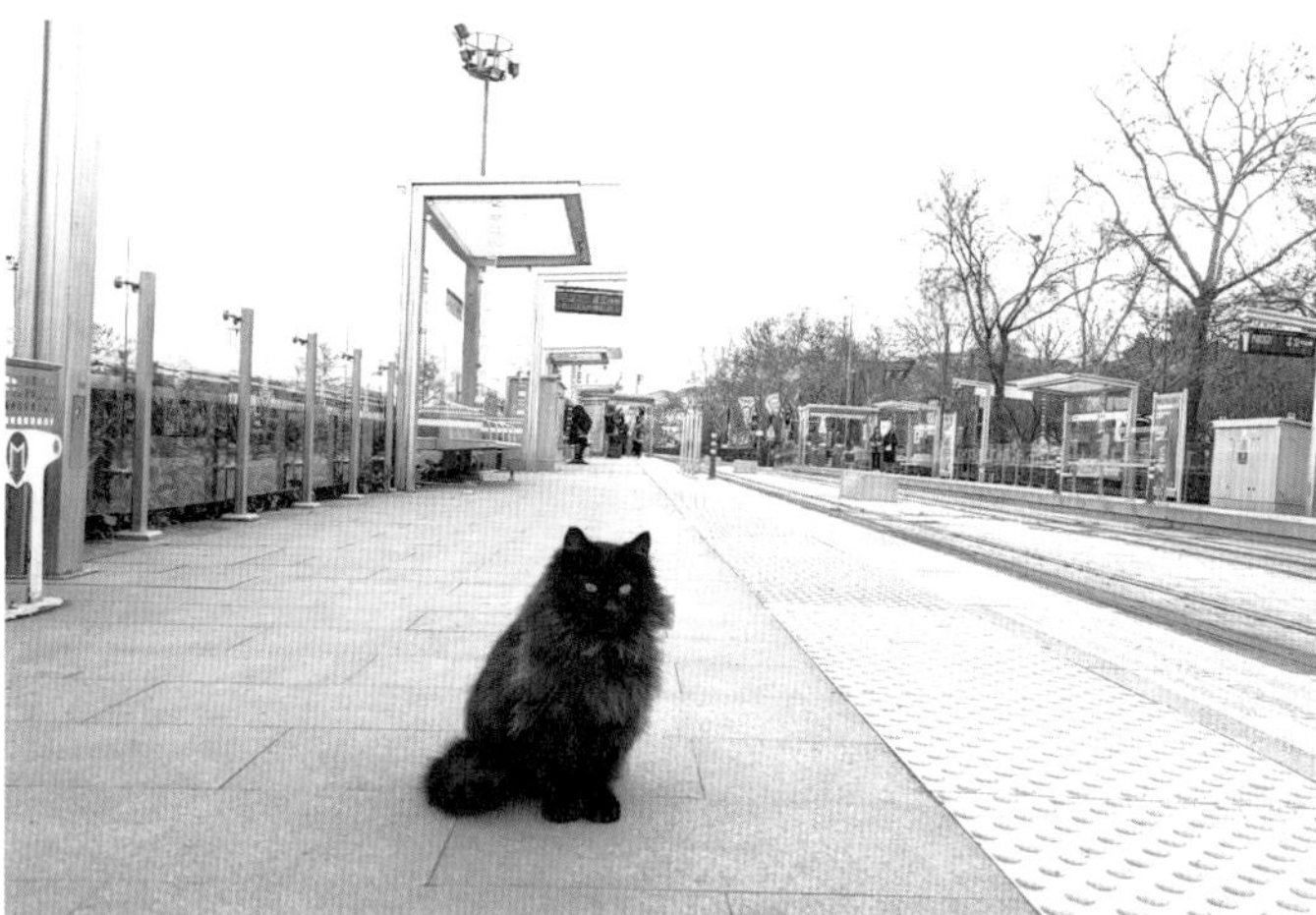

ホームでさながら猫車掌さん

改札を通る人たちにご挨拶

時々タッチパネルの上で邪魔することも

改札機の上で、改札を通る人たちに挨拶をしている猫もいれば、駅に置いてある段ボールの中でぬくぬくと気持ちよさそうに寝ている猫、ホームのベンチで香箱座りしている猫も。「え、こんなところにもいるの？」と、僕はついついカメラを向けてしまうんですが、イスタンブールの人にとっては当たり前すぎる光景なので、撮影しているのは僕しかいません。

さて。駅を出て近くのカフェに立ち寄ると、そこにも猫が……え？　なんと猫が席を占領？　しかもオープンテラス席ではなく、店内の1人用のソファ席。ゆったりとソファに座った猫がまどろみながら、カフェに来ている人間たちを観察しています。まわりのお客さんも店員さんも、猫がテーブルについていてもまったく気にしていない様子。こんなふうに地域猫が飲食店にいて、さらに席を占領しているなんて日本ではちょっとありえないことですが、イスタンブールでは問題なし！　人の輪にまじって一緒におしゃべりを楽しんでいる子や、お客さんの膝の上で寝ている子など、過ごし方はさまざまです。みんないたずらや粗相はせず、マナーもばっちり。こうした「猫のいるカフェ」が街中に多数あるため、日本でよくあるような、いわゆる「猫カフェ」はイスタンブールには知るかぎり1軒もありません。

あのコーヒーショップにも猫のお客さん

このソファ席の常連さん

テラス席も猫のお客さん優先？

食事中に「圧」を
かけられることも…

予約席にもちゃっかり

チェスの対戦者待ち

イスタンブールになら時間を気にすることなく、猫とふれあいながらくつろげるカフェがいくらでもあるんです。

カフェを出て公園へ行けば、さらに猫天国が味わえます。たくさんの猫たちが集まっているので、ベンチへ座ると「席（人間の膝）取り合戦」が始まります。ちなみにイスタンブールの猫たちの膝乗りは、寒くなってくると1匹ではなく2匹乗りがスタンダード。運がいいときには、3匹が僕の膝に乗ってモフモフとひしめき合っていて、ちょっと重たいけど、うれしい重みなのです。

そして家に帰れば、警備猫さんに「ただいま」のご挨拶——。

「道を歩けば猫に当たる」と聞いてはいたけれど、こんな具合に「当たるどころじゃない」のがイスタンブールの日常です。しかもただ会えるだけではなく、とても人懐っこく、自分から挨拶しに来てくれて、膝にも乗りに来てくれて……。おかげでイスタンブールに来てから、幸福度が上がったような気がします。

膝乗り猫さん

膝上ダブル

膝上トリプル

公園のカフェでおじさんと団らん

どうして猫に優しいの？

イスタンブールは「猫の街」と言われるだけあり、どこに行ってもみんな猫に優しいのですが、ある日ふと思ったことが……。それは、どうしてここまでイスタンブールの人々は猫に優しいのか？　ということ。

「宗教が大きな理由でしょ？」と思っている方も多いと思います。正直、僕も移住する前は宗教が最大の理由なのかと思っていました。でも、ほかにも歴史とか色々な理由があるのでは……と気になって調べてみたところ、興味深いことが次々とわかりました。

イスタンブールの人たちは、なんとオスマン帝国時代から猫と仲良く共存していたという記録が残っているそう。でも１９００年代、欧米の公衆衛生政策にならっ

て、野良犬や野良猫を排除する動きが生まれてしまいました……。犬や猫たちを駆除した結果、街は清潔になったけれど、それで人々が満足したわけではなかったようです。「動物たちにも私たちと同じように、街の一員として生きる権利があるんじゃないか？」と犬猫を大切にしようという声がしだいに大きくなり、２００４年に動物愛護法が制定されました。そうして犬猫との共存が再開され、今に至るそうです。現在では、猫だけではなくすべての動物を〝イスタンブール市民〟として扱っているんだという意識が強く、街が誇りをもって動物の保護に取り組んでいる、そのことが市民全体の誇りにもつながっている気がします。

それを実感したのが、現役のイスタンブール市長のＳＮＳ投稿。ある日の投稿で「イスタンブールは世界における猫の首都だ」と宣言したんです！　市のトップが断言するのだから、なかなかですよね。でも自信にあふれたその宣言も、街の人たちの動物愛護の意識につながっているのかもしれません。

ちなみにイスタンブールにも、もちろん猫が苦手な人もいれば、猫アレルギーの人だっています。そうした人たちは、ただ静かに猫を避けて生活してくれていて、街の一員として猫を認めながら共存しています。そういった目に見えない心遣いや思いやりがあるからこそ、この街が「猫の都」として成り立っているんだと僕は思います。

宗教のお話を少しすると、たしかにイスラム教の世界では伝統的に猫をかわいがります。そしてトルコは人口の98％がイスラム教。これだけ見ると「やっぱり宗教が理由なんじゃ？」と思えますが、でもイスラム教の国はトルコだけではありません。それに、もっと厳格にイスラム教の教えを守っているほかの中東諸国で必ずしも猫の保護が進んでいるわけでもありません。

しかもトルコ、特にイスタンブールは、実はイスラム教色が薄い場所。街ではイスラム教で禁じられているアルコールも飲めますし、競馬場に行けばギャンブルだって楽しめます。スカーフで髪を隠さない女性も多く、イスラムの伝統からは外れています。

また、イスラム教の教えでは犬は〝不浄〟として避けるべき存在。実際に今まで滞在してきたイスラム教の国では、野良猫がかわいがられる一方、犬が邪険にされる場面も目にしました。

でも、イスタンブールでは野良犬の保護も積極的に行っています。毎日ボランティアさんからごはんをもらえるので、犬たちの毛並みもよく、人間に対してもとっても友好的。耳には予防接種済みのタグがつけられ、ちゃんとお世話をされています。犬を家の中で飼う人も多く、公園は犬の散歩をする人でいっぱい……。

だから、現地に暮らす僕に言わせると、トルコが猫に優しいのは宗教とは関係なく、「ただ動物の保護に積極的な国だから」なんだと思います。こうしたことは、実際に自分の目でリアルな生活を見なければわからなかったことでした。

今日も街のどこかで、誰かが猫にごはんをあげ、猫のおうちを掃除してあげ、体調の悪い子がいれば病院へ連れていってあげています。そんな心遣いを目にするたび、この街に移住してよかった、そう思うんです。

猫をあやす本屋のお兄さん

買い物帰りに猫を撫でる人

毛づくろいする猫を見守るお兄さん

猫スタッフさんも休憩中

「ほらカメラ見て」と猫にうながすカフェのお兄さん

猫とのおしゃべりが日課なファンキーなおばあさん

トルコは動物愛護先進国

先ほども少しふれたように、イスタンブール市民が大切にしているのは猫だけじゃありません。犬もまた同じように大切にされています。

たとえば人通りの多い広場で犬がゴロンとお腹を見せながら寝ていたときは、びっくりしました！　お腹を撫でる通行人が続出して、犬も撫でてもらって気持ちよさそう。それだけ犬にとっても、くつろげる街だということです。

犬も街の中でゴロリ

駅の中でもゴロン

お腹を見せていた犬

どうしてここまで動物愛護の意識がみんなに根づいているのか？　移住してから僕が知った、イスタンブールの動物保護事情をご紹介します。

子どもたちの校外学習

ある日のこと、僕がいつものように猫にごはんをあげようと公園に行くと、先生らしき人と、たくさんの子どもたちが向こうからやってきました。どうやら校外学習のようですが、子どもたちの手にはビニール袋に入った猫のごはんが——。

あとから知ったんですが、イスタンブールの一部の学校や幼稚園では、動物愛護の大切さを小さいうちから学ぶために、こうして公園で猫とふれあう時間を設けているそうなんです。

ごはんをあげたり一緒に遊んだり。あるときは、子どもたちが手作りの「猫のおうち」をプレゼントしていることもありました。「猫の家」と書かれた段ボール製のおうちです。ピンクや黄色の紙が貼られてカラフルに飾られ、シールや絵などたくさんのデコレーションも施されていて、子どもたちが丁寧に時間をかけて作ったのが伝わってきました。猫はもう興味津々！　ただ、あまりに興味津々で、代わる代わる家の上に乗ってしまった結果、せっかくのかわいい家は穴だらけに……。「家」のその後が気になった僕は、数十分後にまた見に行ったのですが、なんとおうちはただの段ボール箱に戻っていました……。それでも、その上で身を寄せ合って気持ちよさそうに寝ている猫たちを見たら、子どもたちも家を作ったかいがあったと思うに違いありません。

ちなみに、僕も子どもたちに触発され、後日「猫のおうち」を購入しました。トルコではネット通販で、組み立て式の「猫のおうち」が格安で販売されているんです。こちらは子どもたちの手作りの段ボール製とは異なりプラスチック製なので、強度もバッチリ。防水素材で、雨に濡れても大丈夫です。

購入したおうちを公園に設置する前、念のため警備員さんにも「置いてもいいか」と確認したんですが、「もちろんいいよ！」と笑顔で即答してくれました。それだけではなく、僕にありがとうとさえ言ってくれたんです。行政がこれだけ前向きなら、猫のお世話もしやすいですよね。

猫たちが殺到した、子どもが作ったおうち

最終的にこうなったけど、幸せそう

動物へのごはん

〈この場所で動物への餌やり禁止〉という看板は日本ではおなじみですよね。でも、なんとそういった看板をかかげることがトルコでは逆に違法なんです。これにはちょっと驚きました。この法律のおかげもあるのか、基本的にイスタンブールではごはんをいつあげても、どこであげても大丈夫。たとえば民家の前でも、飲食店の前でも、どこでごはんをあげても怒られたことはありません。

また2021年にはペットショップでの生体販売が禁止され、商品として販売される猫が街から姿を消しました。必然的に猫を家に迎えたい人は公園から引き取るようになり、実際、公園で生まれたかわいい子猫はすぐにおうちが決まってしまうんです。寂しいですが、猫にとっては幸せなことですよね。

家の前にはいつも新鮮なお水とカリカリ

公園にいる子猫

それからもうひとつ、イスタンブールの猫事情を知っていくなかで僕が驚いたことが——それは自治体の予算のなかに、犬猫保護の活動費がかなり大きな金額で組まれていること。改正された動物愛護法のなかで、自治体は予算の1%を保護費にあてることが求められていて、日本では考えられない規模で保護活動が行われているんです。たとえば自治体のコールセンターに電話すれば、治療が必要な犬猫のもとには、獣医さんが乗った救急車が来てくれるほど。

また、公立の動物病院では野良の犬や猫、鳥の診察代や入院費用まで無料だったりと、動物にとってうれしいことばかり。私立の動物病院でも、飼い猫価格と野良猫価格に分かれていて、野良猫は約半額で診てもらえるんです。コンビニくらいの大きさの病院がたくさんあって、なかには24時間診療している病院も！　だから街の人たちも調子の悪い猫がいれば躊躇(ちゅうちょ)なく病院に連れていってくれるので、急に姿を消して「あの子最近見ないな……」と心配していた子が、元気になって帰ってくることもしばしば。僕もケガをしていた猫を私立病院へ連れていったことがありますが、とても良心的な価格で診察してもらえました。

街の人それぞれが動物への真摯な気持ちを持っているのは大前提ですが、こんなふうに動物保護の環境を整えるために行政も一緒になって協力しているイスタンブール。行政の積極的な下支えがあるからこそ、ボランティアものびのびと活動できて、善意の循環が街に広がっていくんだなと、いつも実感しています。

とても頼りになる公立動物病院

街中の看板１。「猫や犬の飛び出し注意」

街中の看板２。外資系の５つ星ホテルも保護に積極的

DOSTLARIMIZ SUSUZ
KALMIYOR!
ATAŞEHİR
BELEDİYESİ
570 5000

公園の中にも看板。小さな友達の水飲み場

街ぐるみの取り組み

イスタンブールの街はいつも賑（にぎ）やか。子どもとのおしゃべりを楽しんでいるトルコアイスのお店や、お母さんたちがワイワイと楽しく買い物をしているお肉屋さんなど、街並みを見ながらぶらぶら散歩するだけでも楽しいのですが、そうするとあちらこちらで「人と猫とのつながり」を目にします。

まずは、寒さをしのげるシェルター。イスタンブールの夏はとても暑いですが、冬は一気に冷え込んで10度を下回ることも……。だから外の猫たちは大丈夫なのかと心配しましたが、そんな心配は無用でした。というのも、さまざまな場所に寒さをしのぐ「シェルター」が置かれているんです。

一番印象的だったのは公園の中にある使っていない物置小屋を利用した、猫用のシェルター。小屋の中にはさらに「猫のおうち」が設置され、二重構造で快適に過

ごせます。そばに生えている木にはおもちゃが吊るされていて、猫たちは退屈知らず。

　ここなら安心だと猫たちもわかっているのか、出産もそこで行われているようで、春先になると生まれたばかりの子猫が小屋から恐る恐る出てくるのですが……これがまたかわいいんです……。

　また、ある民家の庭には猫用シェルターが設置されていて、そこでお母さん猫が一生懸命子育てをしていました。自治体が管理しているものから、個人で管理しているものまで、街の中にはたくさんのシェルタ

二重構造のおうち

ーがあり、猫の安全を守っています。

それから、僕のお気に入りの猫スポットでもある本屋さんに行くと、いつも本の上で寝ている猫がいます。初めてその本屋を訪れたとき、「お店の猫かな？」と思うほどお店になじんでいたのですが、どうやら地域猫のよう。

ゴロンと横たわる猫のそばには「猫のための募金箱」が置かれているんですが、しばらく観察していると、なんと本屋を通り過ぎる人が次から次へと募金箱にお金を入れていくんです……！

いくら自治体が保護に積極的でも、日々のごはん代など、出費はかさむもの。募金箱を設置してくれれば、僕と同じような猫好きの人間なら率先してお金を入れますよね。猫にも自分で稼いでもらう――イスタンブールの商人たちのたくましい生き様を見たような気がして、なんだか頬が緩んでしまいました。

ちなみにこの本屋街にいる別の猫は、蛇口から水を飲むのが大好き。そのため地元の人は、外にある水道の蛇口をほんの少し開けて、少量の水がいつも流れるようにしてあげているそう。とても快適なのか、ほぼ家猫なのではないかというくらい毎日本屋でのんびりしています。

猫と募金箱

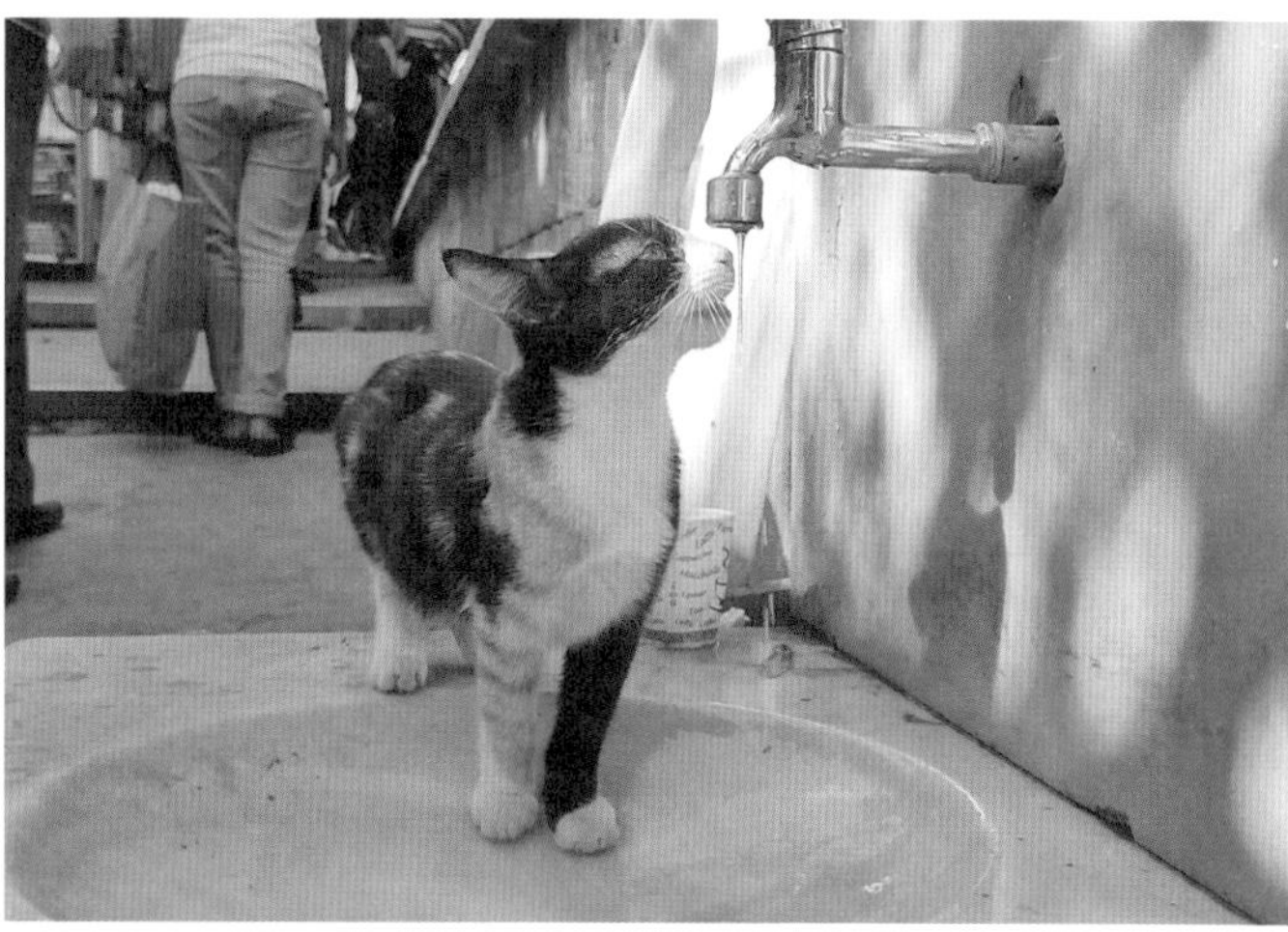

お水を飲む、本屋の猫

また街のお肉屋さんは、猫たちの超大口スポンサー！　肉をカットすることで生まれてしまう廃棄物や余分な部位の肉、内臓などは捨てずに、店の前で待機している猫にその都度分配されます。日本では食品廃棄物が多いことが問題になっていますが、イスタンブールでは猫たちに食べてもらうことで、昔からゴミの出ない完璧なリサイクルシステムが運用されています。誰もが幸せになるＷｉｎＷｉｎな仕組みです。

お肉屋さんは大人気

イスタンブールには、観光客でも気軽に保護活動に参加できるすばらしいシステムも――それは、ペットボトルのリサイクル。飲み終わったペットボトルは、ただゴミ箱に捨てたらダメですよ！　専用の機械に入れると……なんと、猫・犬用のごはんが出てくるんです。

イスタンブールに来る前からこの機械のことは知っていたので、実際に見たときは「これが噂（うわさ）の機械か！」と、うれしくなりました。操作はとっても簡単。ペットボトルを投入口に入れると、自動的にごはんが出てくるだけなので、迷うことはありません。誰でも簡単に参加できる気軽さが魅力です。

ただ、この機械は駅前や大きな公園などでよく見かけるのですが、実用性に関しては若干疑問。というのも、猫たちはこのごはんをあまり食べないらしいのです……！　イスタンブールの猫たちは、ウエットフードやおいしいおやつを色々な人からもらっているせいか、なかなかのグルメぞろい。そのため、機械に補充されている少し時間のたったフードは食べないよという子も……。

ペットボトル回収の機械

なのでこの機械は実用的なものというより、小さな子どもへの教育としての役割が大きいのではないかな、と僕は思っています。ペットボトルなどの資源をリサイクルすることの大切さと、犬猫の保護という2つのことを同時に、しかも楽しみながら教えられるのはいいですよね。

街で観察してみても、ペットボトルを入れたらごはんが下から出てくるのが面白いのか、お母さんやお父さんが持っている空きのペットボトルを楽しそうに入れている子どもがたくさんいました。街もキレイになって、親からも褒められて、猫にごはんもあげられるなんて……これは一石三鳥?

こういう光景に出会うたび、なんだかうれしくなる僕。今日もイスタンブールには、思わず笑顔になってしまうような景色があふれています。

お魚屋さんでおこぼれ待ち？なグルメさん

保護猫公園!?

イスタンブールでは至るところで保護猫の活動が活発に行われていますが、なかでも活動の中心になっているのが「公園」。僕は「保護猫公園」と呼んでいます。街の人たちによるごはんやりはもちろん、大きめの公園には警備員さんが常駐していて、猫たちのこともしっかり見守ってくれています。公園の清掃員さんは猫たちの排泄物も掃除してくれますし、体調を崩した子がいれば誰かが病院に連れていったり、コールセンターに電話して巡回の獣医さんに来てもらったり。猫にとっては何不自由ない環境だと思います。

そんなさまざまな公園の中から、僕が特に気に入って通っている「フェネルバフチェ公園」を紹介します。

フェネルバフチェ公園は海辺に位置しているので、天気がいい日のお散歩コースには欠かせない場所。周囲はイスタンブールでも有数の高級住宅街で、「こんな場所に住めたらなぁ」といつも羨ましくなるほど。お散歩する人たちの身だしなみも優雅で、静かに暮らしている感じです。そんな生活の余裕が、公園の猫たちの待遇にも反映されています。

公園内を歩いているとよく目にするのが、猫用アパート。なんと、キレイでふわふわした毛布と食事までついています。暖かい日中は猫たちもアパートにいないことが多いですが、奥のほうを覗(のぞ)いてみると毛布の上でぬくぬくと寝ている子も……。いつもボランティアさんに優しくされているので人を怖がることはまったくなく、撫でているとお腹を見せてくる子ばかりです。

また、ひとたびベンチに座れば、またたく間に僕の〝膝の上〟をみんなが狙いに来ます。ササッとどこからかやってきて、僕の膝の上でぬくぬくと寝始める姿にい

海辺のベンチで日向ぼっこ

すっかり風景の中になじんでいる猫

つも癒されています。寒い日は1匹だけではなく、2匹、3匹が一緒にずいずいと乗ってくるので、さながら「モテ期」の気分。

イスタンブールの猫はみんな人懐っこいですが、この公園にいる猫の人懐っこさは、さすがにちょっと異常(!?)だなと感じるほど……。熱烈な猫の愛を感じたい方は、一度行ってみることをおすすめします。

みんな集まってくる居心地のよさ

園内のベンチにはだいたい猫が？

日光を浴びて気持ちがよさそう

フェネルバフチェ公園では、動物だけではなくさまざまな人にも出会えます。猫とふれあうために校外学習で来ている子どもたちの集団や、見た目は強面（こわもて）な、ごはん配りのおじさん。ほかにもギターを演奏してお小遣いを稼いでいるおじいさんや、ピクニックで訪れる家族連れ。流暢（りゅうちょう）な日本語を話してくれる、日本通のトルコ人ご夫婦にも出会いました。

そうやって公園で出会った人たちと、笑顔で手を振り合って挨拶したり、時には会話を楽しんだり。移住前、「もしかしたら差別されたりするんじゃ……」と心配していたのが遠い昔のよう……。

猫の存在を許容するのと同じように、外国人である僕たちのことも笑顔で受け入れてくれるおおらかな雰囲気が、そこにはいつもあふれています。

ほかにも、「マチカ公園」というところもおすすめです。高いビルが立ち並びたくさんの人で賑わうタクシム広場の近くに位置しています。大きな通りには高級そうなブティックが並んでいて、日本の街にたとえると銀座のようなところ。そんな都心にあるマチカ公園も、イスタンブールで屈指の猫公園。とにかく猫の密度が高すぎて、猫好きにはまさに天国です。

マチカ公園には子どもたちの遊具やベンチも設置されていますが、ほとんど猫が占拠している状態……。それでもまわりの人たちは愛(いと)おしそ

マチカ公園近くのタクシム広場

PART 2

イスタンブールは猫の都

マチカ公園の猫たち

うな目で猫を見ています。フェネルバフチェ公園よりアクセスしやすいところで、すぐそばのイスタンブール軍事博物館では軍楽隊ィェニチェリのコンサートも見学できます。気になった方はいつか行ってみてほしいです。

また、公園によっては野生のウサギやニワトリがいるところも。かなり郊外の「ミレットバフチェ」という公園なんですが、犬と猫しか保護されていないと思っていたので、最初はビックリ。ウサギも毛並みがよく、公園内を自由にぴょんぴょん走り回っています。

ウサギも猫もいる公園内

片やニワトリはいつも警戒して逃げてしまうのですが、たまに寄ってきてくれる子も。彼らが猫と共存している光景は、見ていてなんだか不思議ですが……猫はほかの動物たちを気にすることなく、マイペースにくつろいでいます。

こういった保護猫公園では、猫が増えすぎないように避妊手術も適切にされていて、避妊済みの耳カット猫――日本でいう「さくら耳」の子もたくさん見かけます。でも野良猫の撲滅が目的ではないので、毎年かわいい子猫もいっぱい生まれています。

いわゆる保護猫施設はイスタンブールには少ないようですが、その代わり、公園が保護猫の受け渡しの場にも。近所の公園の猫好きな警備員さんは、いつも猫を家族として迎える人を探してくれています。もちろんすべての公園がそんな理想の環境というわけではないですが、幸せな猫の数はどの国よりも多いと思っています。

移住してから知った「保護猫公園」の存在――今では定期的に通う、大好きな場所のひとつです。

家猫になった日

街ぐるみで猫の保護に力を入れているイスタンブール。地域猫からおうちの猫になる子も多いですが、では、猫たちはどうやって家猫になるのか？　友人のエピソードをちょっと紹介したいと思います。

まずは、イスタンブール駐在の阿部さんのお話。家族４人で暮らしていて、僕がイスタンブールへ移住してから出会った、数少ない移住仲間です。阿部さん家族もみんな猫が大好きで、僕と同じく公園への散歩が日課でした。

そんな阿部さんがある日、いつものように近所の公園に散歩に行くと、見るからに弱っている黒茶の猫を発見……。そのままにしておくことはできず、慌てて街の獣医さんに見てもらいましたが、体調があまりにも悪く手術が必要とのこと。阿部

さん家族は迷うことなく手術をお願いし、手術のかいあって猫はどんどん元気になり退院を迎えました。阿部さん家族にもすっかりなついていた猫を、とても手放すことができず家猫として迎えることに。今はクロチャちゃん（黒茶の猫だから）という名前をつけて、家族の一員としてかわいがっているそうです。

一緒にすやすや

クロチャちゃん

家族になったクロチャちゃん

3歳の誕生日

またもう1人の友人、クララさん夫婦。クララさん夫婦も僕と同じで、公園に行って猫にごはんをあげるのが日課。ある日、海辺沿いを散歩していると、岩と岩のあいだで暮らしている2匹の姉妹猫を見つけ、ナミとウニと名づけてかわいがっていました。でも、ウニちゃんはなんだか体調が悪そう……。どうやら2匹とも母猫に放置されてしまったようです。

ごはんをあげてみてもナミちゃんはよく食べるのに、ウニちゃんは全然食べられずにじっとしているばかり。しかも毎日嵐のような天気が続いていて、心配は募る一方。数日後に公園を訪れたところ、やはりウニちゃんはまだ体調が悪そうで、この日は波も高く、雨や波で体も濡れていました。そこで動物病院に連れていくことに……。

病院に緊張していたウニちゃんも、じょじょに慣れて動物病院のスタッフとも仲良くなっていき、10日ほど入院したあと無事退院。その後、クララさん夫婦の家に一緒に帰ることに。数日もすると、家でものびのびくつろぐようになったそう。

保護前のウニちゃん

入院中。緊張もほぐれた頃

後日、海辺に残されたナミちゃんのことが気になっていたクララさん夫妻は、会いに行くことに。ナミちゃんが1匹で寂しそうに過ごしているのを見て、ナミちゃんも家族として迎えることを決めたそうです。

2週間後、クララさん夫婦の家で再会したナミちゃんとウニちゃん。最初は警戒していたウニちゃんですが、1週間後には2匹で遊ぶようになり、今では遊ぶのも寝るのもいつも一緒だそうです。

ナミちゃんも保護

2匹そろいました

その後、娘さんが生まれて３姉妹に

イスタンブールの物件は、基本的に犬猫の飼育が可能。なので「家に迎えたいけれど環境的に難しい……」と悩まなくてすむのがいいところ。地域猫としても、家猫としても幸せになれる――2家族の話を聞きながら、やっぱりイスタンブールは「猫の楽園」だと思った僕でした。

猫も人も、お互いが好き

ここまで、イスタンブールの人たちが猫にどれだけ手厚く接しているか、どれだけ猫が好きかを書いてきましたが、それは猫たちも同じ――猫から人間への「信頼」を、この街にいると確実に感じることができます。

それは本当にどの猫にも「警戒心」がないから。大きな通りや地下鉄駅の通路、ショッピングセンターのど真ん中、ちょっと狭い薬局の店内など、人が多く行き交う場所で堂々と寝ている猫を、イスタンブールではたくさん見かけます。

初めて見たときは「大丈夫なのかな？　踏まれないかな？」と焦ってしまったのですが、心配ご無用。イスタンブール市民にとっては日常の光景なので、猫につまずくことはまずないですし、猫たちのこの堂々っぷりも、彼らが人に嫌な目にあわされたことがないことの証（あかし）――一度でも嫌な経験をした猫は少なからず警戒心を

ショッピングモールのど真ん中

ジュエリーショップにも猫!?

抱くはずなので、いじめる人がいない、大切にかわいがってくれる人がたくさんいるということ。「人間は自分を避けて歩いてくれる」「たまに撫でてくれる」と信じきっているからこその行動なんです。

この街の猫と人は「相思相愛」だと、僕は思っています。

おじさんに撫でてもらってご満悦

ハンドメイドのお店にも

車の上で気持ちがよさそう

カフェの店内にちょこんと

イスタンブールのとあるモスクへ観光に行った際には、みんなが大笑いしてしまう面白い光景に出会いました。モスクへ礼拝をしに来ていた家族連れがいたんですが、ベビーカーにはかわいい小さな子どもが乗っています。トルコの人は基本的にとてもフレンドリーなので、礼拝前にベビーカーを囲んで大人たちが世間話を楽しんでいるようでした。

しばらくすると礼拝の時間になったようで、みんな続々とモスクの中へ。僕たちはモスクのまわりで猫におやつをあげたり写真を撮ったりして過ごしていたんですが、そのうちに礼拝が終わったらしく人々が出てきました。するとほどなくして、たくさんの人の笑い声が聞こえてきたんです。

気になって笑い声のする方へ行ってみると……なんと、子どもが乗っていたベビーカーで猫が気持ちよさそうに寝ていたんです。あたかも「自分のベビーカーです」と言わんばかりの表情とくつろぎっぷりに、その場にいたみんなが大爆笑。猫はといえば、たくさんの注目を浴びても物ともせず、気持ちよさそうに寝ています。

ベビーカーの持ち主である家族やその子どもも、このうれしいサプライズを楽しんでいる様子。ベビーカーに毛がついてしまうとか、汚れてしまうとか、そんなことはいっさい気にしていません。このおおらかさがあるからこそ、イスタンブールの人たちは猫とともに生きていけるのかもしれません。

ベビーカーが気に入った様子

一言で「イスタンブールは猫の都」といっても、ただ猫がたくさんいるというだけじゃない――そこには僕の想像以上に「人と猫との絆」がありました。おうちを作ってあげたり、ごはんをあげたり、小さな頃から子どもが猫とふれあったり、そうした教育の結果、次々と保護猫活動に積極的な人が生まれて……それを街ぐるみでできるのだから、すごいことだと今でも思います。

そう気づけたのも、イスタンブールに移住してきたから――この優しさがずっとずっと続いてほしいと、日々思っています。

PART 2

イスタンブールは猫の都

TEA BREAK

――チャイについて

ここでちょっとチャイ休憩。チャイというと日本では、インドのスパイス入りミルクティーを思い浮かべる方が多いと思います。だけどトルコのチャイはストレートティー。味は日本でも慣れ親しんだ一般的な紅茶の味で、苦手な人はほとんどいないと思います。

独特の流線形がかわいらしい、小さめサイズのグラスで提供されるんですが、このチャイグラスに一目惚れ（ひとめぼ）して、日本へのお土産として買って帰る人も多いんです。グランドバザールなどのお土産屋さんでももちろん買えますが、あえて普通のスーパーで買うのもおすすめ。お土産屋さんよりかなり割安に買うことができます。

トルコでチャイはおもてなしの証のようなもの。たとえば旅行でいらした方なら、ホテルのチェックインの待ち時間やお土産屋さんでの買い物中、きっと「チャイはいかがですか？」と聞かれるはず。聞かれたときはサービスなので、ぜひ快く受け取ってみてください。トルコに来たばかりで緊張が続く旅行の最中でも、熱いチャイをゆっくりとすればば、きっと心も落ち着くはず。

散髪屋さんの待ち時間にも、不動産屋さんで交渉中にも、いつでもどこでもチャイは出てきます。最近では歯医者さんの待ち時間にさえ、チャイはいかがと聞かれて驚いてしまいました。

そんなチャイをトルコの人たちは、朝から晩までとにかくたくさん飲むんです。トルコ人の友人の家に招かれたときなんかは、際限なくチャイ

のお代わりが運ばれてくるのでもう大変。帰る頃にはお腹がタポタポになってしまうほどです。

どんなシーンでも飲まれるチャイですが、僕が一番好きなのは食後のチャイ。満腹の胃袋を落ち着かせつつ、甘~いトルコスイーツとともに味わうチャイは絶品。あとはフェリーの中で注文できるチャイも、ボスポラス海峡を眺めながら味わえば旅情があって最高。トルコに来たらぜひ試してほしいと思います。

PART 3

もっと知りたいイスタンブール

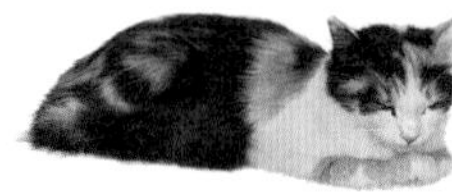

イスタンブールの言語事情

ここまで「猫事情」を中心に書いてきましたが、イスタンブールは猫以外でも本当に興味深くて、驚きと発見が尽きない街。そこでここからは、猫以外の「イスタンブールってこんなところ」についてお話ししていきたいと思います。

まずは言語事情から——みなさん、イスタンブールの人はいったい何語を話すと思いますか？

青い空と青い海がまぶしい、イスタンブール

答えはずばりトルコ語。ご存じトルコの公用語で、実は日本語とは文法的な共通点が多かったりして、日本人にとっては学びやすい言葉。とはいえ、ほとんどの人にとってはあまりなじみがない言語ですよね。だから旅行前に言葉の面で心配になる方も多いと思いますが、それは大丈夫。旧市街など観光エリアの中では、お店の人たちはだいたい英語が話せますし、たまに日本語を話せる店員さんも。観光で訪れる場合には、トルコ語がわからなくてもあまり言語で困ることはないんじゃないかと思います。

ただ、生活圏に入ると状況は一変！　お店でも英語が通じない場合がほとんどで、トルコ語でないと意思疎通ができないんです。

これには、特に移住したばかりの頃は戸惑いました。パン屋さんやお肉屋さんに入っても、何をどうやって買えばいいかわからないし、店員さんに英語で質問してみても、まったく通じず……。

でも、そこはさすがイスタンブール。猫に優しいように、僕のような海外から来た人間にもみんな親切で、店員さんが身振り手振りで説明してくれるんです。時に

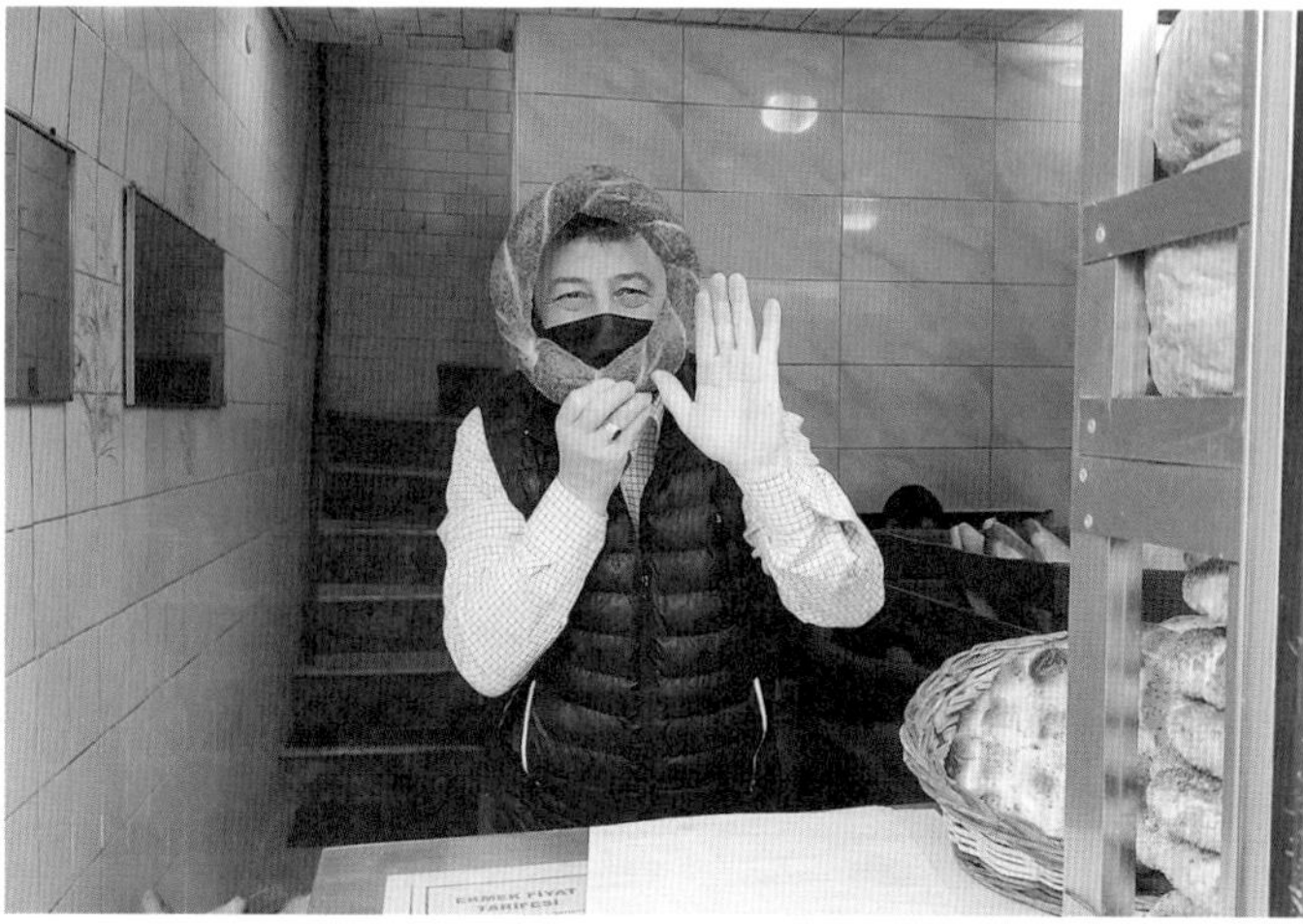

陽気なパン屋のおじさん

フレンドリーなお店の人たち

はスマホの翻訳アプリを使って、日本語で教えてくれたり。だから英語が通じない生活圏にいても、意外にも「言葉」で苦労することなく過ごせています。

ただ一度だけ、本当に困った出来事がありました——それは「家の賃貸契約」。実はイスタンブールは賃貸物件が慢性的に不足していて、僕も最初の家を借りるときは、街の不動産屋さん100軒ほどにアタックしてやっと契約することができたほど。もちろん不動産屋さんも英語が話せないので、翻訳アプリをなんとか使いながら……です。

パン屋での買い物とは違って、家の契約には細々とした確認事項がたくさんあるし、日常生活では使わないような難しい言葉もちらほら。日本語でも事細かな賃貸契約書を読むのは大変なのに、それがトルコ語で表記されているともうお手上げ！本当にハードルが高くて、同じように移住に挑戦する人のなかには、家の契約ができずに諦めて日本へ帰ってしまう人もいるほど……。僕も心が折れそうになった瞬間がたくさんありましたが、そのときにはもうイスタンブールという街に惚れ込んでいたので「絶対この街に住むんだ！」と自分を鼓舞して不動産屋に通い、見事に契約までこぎ着けることができました。

……が、1年契約を交わしたはずなのに、なぜか10カ月目で追い出されてしまったんです。本当は追い出しなんて違法ですが、まだ相談できる友達すらほとんどいなかった僕たちに対抗する術はなく、怒ると怖い不動産屋のおばちゃんと闘う勇気もなく、仕方なく引越し先を探しました。イスタンブールの人は基本的にとても寛大ですが、こと不動産事情になると話は別。というのも、家賃ものすごいスピードで高騰していくし、そもそも物件が少ないので、大家や不動産屋さんの立場がとても強く、違法な追い出しや家賃の値上げに悩まされている人も多いんです。驚くことにそんなトラブルは僕たち外国人だけの話ではなく、トルコ人同士のあいだでさえ頻発しているそう。

ありがたいことに、当時僕らのSNSアカウントを見てくださっていた方が手を差し伸べてくれて、奇跡的に次の家を借りることができたのですが……この「追い出され事件」はあわや帰国か？　の大ピンチでした。イスタンブールでの暮らしで一番ハードルが高いのは「家の契約」だと思います。

簡単な会話程度はトルコ語でできるようになった僕ですが、今でも生活していくなかで困ることはあります。でも、そんなときには必ず誰かが手を差し伸べて助けてくれる――１００％言葉が通じなくても通じ合えるような温かい瞬間が、この街では本当にたくさんあります。

イスタンブールの天気

本の冒頭でもちらっとお話ししましたが、イスタンブールには日本と同じく四季があります。そこでイスタンブールの春夏秋冬をご紹介します。

まず春ですが、日本と同じで春は、イスタンブールでも過ごしやすい季節。暖かくなってくるとトルコの国花でもあるチューリップが街中に咲き乱れ、公園はピクニックの家族連れで賑わいます。

トルコの人たちはピクニックが大好き。バスケットに山盛りの食べ物やお茶を持って公園を訪れます。食べ物の匂いに釣られて猫たちは家族を囲み、子どもたちは猫とのふれあいを経験します。ピクニックを終えた家族は、時には空になったバ

PART 3

もっと知りたいイスタンブール

花が咲き乱れるイスタンブールの春

スケットに猫を入れて帰り、そのまま家猫として迎えるケースも！　なのでよく晴れた週末のあとには、いつも会っていた猫が公園から姿を消すこともしばしば。

夏はこれまた日本と同じように暑いですが、エアコンががんがん効いているのかと思いきや、設置されていない場所もチラホラ。湿気があまりないので、みんな窓を開けっぱなしにして、風で涼しさを補っています（といっても最近は暑さのレベルも上がっている気がするので、エアコンなしでは厳しいことも）。

最近の夏の暑さには猫たちもまいっていて、公園に行くと長～く伸びている猫がたくさん見られるようになります。冬は身を寄せ合うように猫同士で密集しているんですが、夏は暑苦しいのかみんなバラバラ。膝に乗ってくるのはよっぽど甘えん坊の猫だけです。

そのなかでも猫たちは涼しい場所を知っていて、気持ちのいい風の吹く木陰や、モスクのヒンヤリとした大理石の床で昼寝をしていたり……夏の賢い過ごし方を熟知しています。

涼しい場所を知ってる猫たち

店の入口もエアコンが効いていて、いい感じ

秋はトルコでも実りの季節。梨や柿、ブドウといった日本でもなじみ深い果物が市場に並び始めます。トルコは土壌がいいのか、フルーツはどれも甘くて絶品！　ただし柿は渋柿がそのまま売られていたりして、知らずに買って食べたときは大変な思いをしました……。日本と同じように干し柿なんかも売ってるんですよ。日本と同じといえば、「北海道カボチャ」など日本の名前がついた野菜や果物も時々見られて、そんなときはやっぱりうれしくなってしまいます。

夏の暑さにぐったりしていた猫たちも、涼しい風が吹き始めると元気を取り戻します。落ち葉で遊ぶ猫たちを見ると、今年も秋が来たなと実感します。人間と一緒で猫たちにとっても食欲の秋。たくさん食べて脂肪を蓄え、寒い冬に備えます。

落ち葉の上でゴロリ

秋は猫にとっても過ごしやすい季節

スマホを覗き込む猫

冬は、寒さだけではなく雨にも注意。というのも冬はあまり晴れることがなく、だいたい雨か曇天模様で、たまに雪も降ったりと天気が荒れぎみです。

でも、冬のイスタンブールの家は意外にも快適。セントラルヒーティングといって、ガスでわかしたお湯を各部屋の壁面に流す暖房システムが、多くの家に搭載されているんです。そのため、家全体が心地良くポカポカ。僕のアパートにももれなく搭載されているので、「寒くて困った……」ということもなく、おうちでの時間を楽しんでいます。

では猫たちはどうかというと、もちろん冬は寒いので、小屋やシェルターに隠れてしまいがち。寒くなってくると、行政や地域の会社はもちろん、個人でも猫の家（プラスチック製）を購入して、そこに毛布を敷いて公園に設置してあげています。

それでも年に一度の大寒波のような日には、ＳＮＳなどで「一時的にでもいいので、猫たちを家に連れて帰ってください」と広告が流れることも。そうやってイスタンブールでは人と猫が一緒に、寒い冬を毎年乗り越えています。

ショッピングモールの中も暖かくてお気に入り

春と秋は過ごしやすく、夏は暑くて、冬は寒い――イスタンブールの気候は日本とも共通点が多いので、移住後もわりとすんなりなじみやすかった気がします。何より日本にいるときのように、四季で季節の移り変わりを感じられるのはうれしいです。

トルコは美食の国

世界3大料理のひとつに数えられている「トルコ料理」。ケバブなどは日本でも有名ですが、イスタンブールではどんな食事が一般的なのか？　現地の食事情とともに、僕のお気に入りのお店やメニューを紹介してみたいと思います。

まず「これを紹介しないと始まらない！」のが、パン。トルコはパンが主食で、その消費量は世界一とも言われているパン大国。実際に現地で食べてみると、表面はカリッと香ばしく、中はシュワッとすぐに溶けてしまうような軽い歯ごたえで、想像以上においしい！（到着したその日にパンを食べたときの感動は忘れられません）味つけはごくシンプルですが、小麦の優しい甘さが際立っています。

そしてトルコのパンには「パンの法律」が制定されています。何かというと「このパンは〇グラム以上で、価格は〇リラに」「ほかの材料と混ぜて作ってはいけない」など独自のルールがあって、パンの種類やレシピ、価格までも決められていて、国のものとしてしっかりと守られているんです。

基本のパンは4〜5種類で、ほとんどのお店ではその4〜5種類のパンしか販売されていません。また各お店には窯が設置されていて、そのほとんどが薪(まき)を使う昔ながらの窯。トルコのパンのおいしさの秘密は、この窯にあると思っています。

僕が特に好きなパンは、「シミット」。シミットはトルコでは朝食の定番メニューで、ごまつきベーグルに似ています。歯ごたえがあって、少し硬いのが特徴。屋台などでも多く売られていて、小腹が空いたときのおやつにも最適。シミットを食べながら街を歩く人の姿もよく見かけます。

そしてイスタンブールのパン料理として、日本人に大人気なのが「サバサンド」。その名のとおり具がサバのサンドイッチで、焼いた半身が丸ごと入っているのですが、骨や皮は丁寧に取り除いてくれるので意外と食べやすく、レタスやニンジンな

窯で焼きあがったシミット

ごまつきベーグルに似てます

たまらない匂いのサバサンド

炭火焼き

どの具材とも相性抜群。フェリー乗り場近くの人気の屋台で売られているものは、なんと炭火焼き！　香ばしくてジューシーで、いつ食べても本当においしいです。

サンドつながりだと、ジャンクフード好きにおすすめなのが、「ポテトサンドイッチ」。炭水化物ばかりで冗談みたいなメニューですが、立派なイスタンブールのローカルフードとしての地位を確立していて、昔から地域の人に愛されています。とにかくカロリーを摂取したい、健康よりもお腹を満たしたい、という欲望に忠実なサンドイッチなんです。作り方はとてもシンプル。パンの真ん中に切れ目を入れて開いたら、そこにケチャップとマヨネーズを入れます。そしてこれでもか！　というほどの揚げたて山盛りポテトをイン。仕上げに塩とケチャップ、マヨネーズをかけたら完成です。大きいサイズは1個、日本円にすると約500円で食べられるのですが、正直500円のボリュームではありません。人の顔くらいあるのでは？　というほどの大きさで、1人では食べきれない量です！

ほかにはトルコでは、イタリアのピザの起源とも言われている「ピデ」も有名。丸型ではなく、船のような形をしていて、中に肉やチーズ、卵などが入っています。

これもパンと同様、窯で焼かれているのでとってもおいしいですよ。

ちなみにトルコの人たちは、パンだけでなく白米もよく食べます。スーパーではタイ米のように長細いものや、日本の米のように丸いものなど、色々な種類のお米が売られていて、その日の献立に合わせて選べるのもうれしいポイント。でも日本のように水で炊くのではなく、お米は油と一緒に炊くのがトルコ風。ピラフのような仕上がりになります。

僕たちは自炊をすることが多いですが、自宅ではもっぱら日本食を食べています。醤油などのポピュラーな調味料はスーパーで手に入るんですが、味噌やダシはほとんど売っていないので日本から送ってもらっています。イスタンブールでは、ズッキーニやルッコラ、ビーツなど日本では高価な野菜がとても安く手に入るので、そういった野菜を使って料理をし、贅沢気分を味わっています。

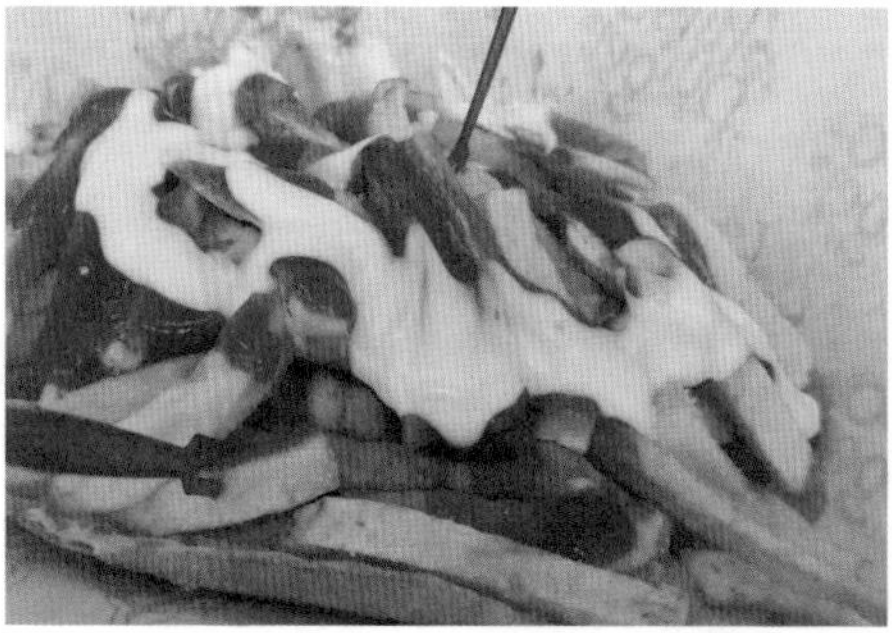

ボリュームたっぷりな
ポテトサンドイッチ

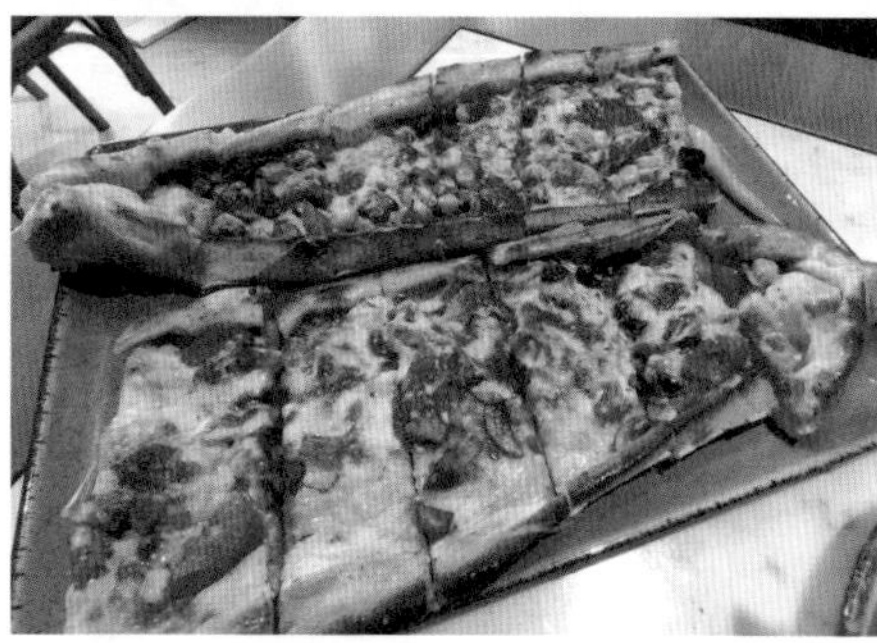

ピザの起源と言われる
ピデ

自炊の焼き鳥定食

もちろんおいしい料理もたくさんなトルコ。イスタンブールに来た方全員におすすめしたいのが「キョフテ」。ハンバーグに似ている肉料理で、羊肉が使われることもあるのですが、基本は牛肉で作られます。炭火でじっくりと焼かれ、シンプルな味つけですが、ジューシーでありながらも肉の食感も味わえて、そのバランスが絶妙。そしてキョフテにはソースもついてくるのですが、このソースがないとキョフテは語れません。少しピリッと辛くて、これがまた肉のジューシーさと合うんです。日本人の口にも絶対合うはずなので、一度機会があれば食べてもらいたいです。

それからスイーツも絶品。おすすめはやはり「バクラヴァ」です。トルコの伝統的なスイーツで、パイ生地の中にピスタチオやクルミが入っていて、生地はサクサクしながらも、噛むと甘いバターシロップがジュワッと滲(にじ)み出(で)てくるのが特徴。東京にもイスタンブールのバクラヴァの名店が進出したと話題になっています。

日本のスイーツは甘さ控えめが主流ですが、バクラヴァはガツンと脳天にくるような甘さが人気で、1個食べるとヤミツキになってしまうこと間違いなし。スーパーではバクラヴァ味のチョコレートも販売されているので、お土産として買うのも

キョフテ。ハンバーグに似てます

バクラヴァ。脳天にくる甘さが特徴

おすすめです。

そしてトルコといえば忘れてはいけない「トルココーヒー」。フィルターを使わずコーヒーの粉をそのまま煮出しているので、我々にはなじみがなく少し飲みにくいかもしれませんが、立派なトルコの文化なので一度体験されることをおすすめします。

トレーに敷き詰めた砂を下からガスバーナーで温め、温まった砂に小さなポットを入れてコーヒーを作るというのが、観光客にも人気のスタイル。トルココーヒーは粉と一緒に煮出しているため、しばらく待ってから飲まないといけないのが暗黙のルール。しかし何も知らなかった僕はすぐ飲んでしまい、粉が大量に口の中に入ってきてしまったという大失敗も……。オスマン帝国時代からのスタイルを継承しているお店は、地べたに座るのに近いような、低い椅子に座って飲むのが定番。専用の小さなコーヒーカップには伝統的な絵柄が描かれていて雰囲気は抜群です。1杯のコーヒーで飲める量は本当に少ないのですが、その場の情緒とともに味わってほしいと思います。ちなみにカップの下にはコーヒーの粉がたくさん沈んでいる

小さなポットを砂へ…

カップの絵柄も味わい深いです

ので、飲み干そうとしたら大変なことになります……!

レストランはもちろん、小さな食堂に行っても個性豊かでおいしいものが売られているイスタンブール。外に出ればコスパ抜群のグルメを堪能できるし、日本食が恋しくなってもスーパーで買い物をして自炊できる——海外移住で一番悩ましいのが食生活と言われていますが、ことトルコに関しては心配無用。食べることが大好きな僕としては、これはうれしいことでした。

ケバブを待つ犬

街角探訪！～エリア紹介

トルコ最大の都市イスタンブール。一言でイスタンブールといっても、日本の都市と同じようにエリアによってガラッと雰囲気が変わります。そこで、僕おすすめのエリアを5つご紹介してみます。

イスタンブールの上野アメ横「グランドバザール」

グランドバザールは、世界最大にして最古と言われる市場。まるでイスタンブール版、上野のアメ横のような場所です。外国人観光客だけでなく国内の観光客も多くて、平日や休日関係なくかなりの人で賑わい、アメ横の年末状態が一年中続いていて歩けない……というほどのレベル。とにかくお祭り感を味わいたいという方におすすめの場所です。

ここではお土産や地元の食材などの買い物が楽しめますが、猫たちに出会える確

率はあまり高くありません。猫たちもお祭り騒ぎは避けたいのかも？

ただ、奥の書店エリアに行くと人だかりがグッと減るので、本の上で寝ている猫や散歩している猫に会えます。石畳がキレイでレトロな雰囲気を味わえるので、ぜひ人が少ないエリアにも行ってみてください。

賑わうグランドバザール

書店エリアでは猫に会えます

本の上でお昼寝中

インスタ映えの街「バラット」

バラットは僕が最初に暮らした街。昔ながらの建物が並び、家は4、5階建ての年季が入ったおうちが多いです。路地に入ると子どもたちが楽しそうに遊んでいて、洗濯物が道路にはりだして干されているレトロなローカル感がたまりません。

ひとたびこの地区に足を踏み入れると、100年前の空間がそのまま残っていてタイムスリップした気分に。こんな街が今も残っているのか……と初めて見たときは本当に驚きました。昔はボロボロというイメージが強かったバラットですが、壁をカラフルに塗ったり写真スポットを増やしたりと再開発が進んでいます。昔ながらの雰囲気を残しつつ、現代のよさも取り入れていて非常に魅力的なエリア。

なかでも45度に近いような坂道に色とりどりの建物が段々に立っているところが、僕のおすすめスポットです。この坂道に猫がいるとすごく絵になります。またバラットには「マントゥ」という水餃子がすごくおいしいお店が。水餃子にヨーグルトのソースをかけて食べるという、日本人にはなじみがない組み合わせですが、とてもおいしいんです。五感が大満足すること間違いなしのエリアだと思います。

坂道をのぼる猫たち

カラフルな街並み

水餃子にヨーグルトソースをかけた料理、マントゥ

レストランの前で待機

またバラットの近くには「エユップ・スルタン・モスク」という、イスタンブールで一番権威のあるモスクがあります。格式が高いモスクほど猫が多い傾向があって、エユップ・スルタン・モスクはその頂点のひとつ。トルコ国内外からの巡礼者が多く、普通の観光スポットとは少し雰囲気が異なります。外国人観光客が少ないのでゆったりと観光したい方にピッタリ（ちなみに、子どものベビーカーを奪った猫にはここで出会いました）。モスク周辺はレトロな街が広がっていて、散歩したり写真を撮ったりしても楽しいです。たくさんの猫にも出会えますよ。

モスクで毛づくろい

知る人ぞ知る名所「クズグンジュック」

　このエリアは日本人の観光客がほとんどいないので、ほかの人と違った旅をしてみたい方や、現地のローカルな雰囲気を味わいたい方におすすめです。雰囲気はバラットと少し似ていますが、伝統的な地区のひとつで、風情がありゆっくりとした時間が流れています。

　ここの猫たちはほかのエリアの猫たちと比べて、毛並みがよりツヤツヤでぷくぷくとしています。それもそのはず、クズグンジュックは優雅な暮らしをする富裕層が住むエリアでもあっ

ローカルな雰囲気がたっぷり

クズグンジュックの三毛猫さん

色とりどりの建物

て、生活の余裕が猫たちの待遇にも表れているんです。気のせいかもしれませんが、「上流階級なんだぞ！」という顔つきの猫がどことなく多くて、これがまたかわいいんです。

クズグンジュックを訪れるなら隣接するユスキュダルから、バスや徒歩で向かうのがおすすめ。ボスポラス海峡に面した海沿いの道は気持ちがよく、歩いてもすぐに着いてしまいます。歩き疲れたら途中の公園内にある、市営のカフェでお茶休憩。市営だからとっても格安で、優雅にお茶を飲みながらボスポラスビューのすばらしい景色が楽しめます。

かわいい階段で優雅に寝そべり

イスタンブールの渋谷・原宿「カドゥキョイ」

カドゥキョイは地元の若者に人気のエリアで、平日・休日関係なく常にたくさんの人で賑わっています。渋谷や原宿にイメージが近いかな、と思います。自由で奇抜なファッションをしている人も多く、「イスラム教の国だよね？」と思うことも。気取らない雰囲気が居心地のよい街で、レストランなどの価格も比較的リーズナブル。旧市街のような世界遺産や見どころがあるわけではないのですが、あるがままのイスタンブールを覗きたい人にはおすすめ。市場やカフェなどを眺めながら散歩するだけでも楽しいですよ。渋谷で待ち合わせをするなら「ハチ公」ですが、カドゥキョイで待ち合わせをするなら「ブルの前」が鉄板なんだとか。牡牛の像で、ランドマーク的な存在です。

そして何より忘れてはいけないのが、カドゥキョイはイスタンブールでも有数の猫保護地域だということ。僕は約1年ほどカドゥキョイに住んでいたのですが、そのときは毎日猫写真が撮れすぎて、パソコンの容量が足りなくなってしまうのが悩みだったほど。人が行き交う街になじむ猫の姿はすごく絵になります。

カドゥキョイで保護猫活動をする人たち

待ち合わせの鉄板「ブルの前」

アニメカフェも。お兄さんと猫

海辺には公園も

素敵な街並み

カドゥキョイでも車の上はやっぱり人気

イスタンブールの通天閣「新市街・ガラタ塔周辺」

ガラタ塔周辺は素敵なカフェがたくさんあって、カフェ好きにはたまらないエリア。石畳の路地に出されたテラス席で、ガラタ塔を眺めながら飲むコーヒーはまさに格別です。

ガラタ塔そばの通りには音楽関連のお店が並んでいて、そのせいかオシャレな若者が多い印象です。通りを歩いていくと、果物のジュース屋さんがポツポツと現れます。トルコは昔からフルーツが豊富なので、桃やメロンも激安価格で手に入るんです。そのため、果物のジュース屋さんが街の至るところにあります。

また西洋風の歴史的建築物が軒を連ねる、目抜き通りのイスティクラル通りもガラタ塔のすぐそば。広い通りは歩行者専用になっていて、情緒あふれる路面電車も走っています。ブラブラ歩くだけでも楽しい場所ですが、坂が多いので、歩きやすい靴で行くのがおすすめです。

港の方まで坂を下ればガラタ橋が見えてきます。このあたりには先ほども登場したサバサンドのお店がたくさん。フェリー乗り場そばの屋台のほか、各店が競って自慢のサバサンドを提供しています。東京に進出した有名なバクラヴァ屋さんもこのエリアにあるので、サバサンドでお腹を満たしてから、デザートにバクラヴァを食べるのが定番ルート。

カフェ好きにはたまらないガラタ塔周辺

新鮮な果物を使ったフルーツジュース

風情ある路面電車

今回は5つに絞って紹介してみましたが、本当は「ここもいいし、あそこもいいし……」と挙げだしたら切りがないくらい、イスタンブールは色々な顔を持つ魅力的な街。エリアによって猫たちの特徴も若干違っていたりと面白いので、僕は色々な街でおいしいローカルごはんを食べながら、今日も猫パトロールを楽しんでいます。

イスタンブールの文化

イスタンブールの言葉や食事、街並みについて紹介してきましたが、最後に彼らの日常生活についてもう少し。

まずイスタンブールにはどんな娯楽があるのか——日本だとカラオケやボウリングがありますが、トルコでよく見かける面白い娯楽のひとつに、オケイというテーブルゲームがあります。これが日本や中国の麻雀（まーじゃん）にそっくりで、4人でテーブルを囲み、1～13までの数字が書かれた牌を使用して遊びます。日本の麻雀屋さんとは違い、かなり堂々と通りに面して店を出して営業しているので、たぶんお金はかけられていないはず。僕もいつかはまじって遊びたいと思っているのですが、いまだにルールを勉強できていません。

またスポーツ観戦が好きな人も多いですが、トルコ人に人気のスポーツは断然サッカー。トルコの国内リーグに元日本代表の長友選手や香川選手が在籍したこともあり、若い男性と話をすると、いまだに「ナガトモ！　カガワ！」と名前があがります。ただトルコのサッカー熱はアツすぎて、試合がある日のスタジアム近くでは、観戦するだけなのに臨戦態勢で怒りっぽくなっている人も……。お酒も入って荒々しく、普段の和やかなイスタンブールのムードではないんです。

ちなみにイスタンブールは「渋滞」が世界一と言われているんですが、渋滞中もみんな、無理な車線変更をしたりとイライラしがち。なので、サッカー観戦に行くときと渋滞には、くれぐれも注意が必要です。

もうひとつ紹介しておきたいのがシーシャ（水タバコ）。シーシャというと日本ではなんとなく危なそう、悪そう、なかには違法性がありそう、と思っている人も多いですが、トルコではとても一般的。中東が発祥だそうなので、トルコはシーシャの本場ともいえます。

トルコのシーシャ屋さんは日本のイメージとは違ってどこも明るい雰囲気。店員さんも全然怖くなくて、普通のカフェと何も変わらない感じでした。僕はタバコがかなり苦手なほうですが、シーシャの煙は全然平気。オスマン帝国時代から続く、面白いトルコの文化です。

「猫の都」なだけでなく、独自の文化が根づいていたり、建物や街並みにも歴史が感じられたり、初めて知るグルメがあったり……本当にイスタンブールという街は移住して3年たった今でも、新しい発見が尽きない街。次はどんな魅力に出会えるんだろうと、日々ワクワクして過ごしています。

TEA BREAK

そのほかの街

歴史的建築物に情緒あふれる街並み、グルメに猫と見どころたっぷりのイスタンブールですが、せっかくトルコに来たらほかの都市も訪れてみることをおすすめします。ここでは旅行で訪れたいトルコの地方都市をご紹介。

まずはイスタンブールからバスで2時間、元気な人なら日帰りも可能な古都ブルサ。ブルサはオスマン帝国時代に最初の首都だった街。だから歴史好きにはたまらない場所なんですが、それよりも日本人にうれしいのが温泉があること！　熱々の湯船に入れる機会って海外にいるとほとんどないので、ブルサの温泉には癒されています。公衆浴場もあるんですが、カップルや子ども連れでも貸し切りで楽しめる「家族風呂」が特におすすめ。まわりを気にせずリラックスできます。

温泉といえばエスキシェヒルの街も有名。こちらはイスタンブールから列車で4時間ほどと少し遠いのですが、外国人観光客はほとんど訪れない穴場スポット。街には大学が多く、多くの若者で賑わう学生の街としても有名で、開けた明るい雰囲気はある意味イスタンブール以上かも。観光地の喧騒に疲れた方は、エスキシェヒルでのんびり過ごすのもアリかもしれません。

エーゲ海に面したイズミルの街はグルメの街としても有名。ムール貝をはじめ新鮮な魚介類の産地なので、シーフードを味わうならぜひ行きたい場所。近郊にはワイナリーも点在しているので、お酒が好きな方ならワイナリー巡りなんかも楽しそう。トルコでワインってイメージがないかもしれませんが、実はワイン大国でもあるのでそんな魅力も深掘りしてみてください。

イズミルの近郊には抜群の保存状態で残されるエフェソス遺跡があって、実はその遺跡がすばらしい猫スポット。暑い日中は猫たちも岩場に隠れているのですが、キャットフードをカバンから取り出せば、次から次に猫が現れます。遺跡を背景にした猫写真はここでしか撮れない特別なものになります。

ほかにも奇岩と気球で有名なカッパドキアや、幻想的な白い棚状の地形が美しいパムッカレなど、まだまだ見どころは書き尽くせないほど。すべてを一度の旅行でまわるのはもう不可能なほどなので、興味に合わせて目的地を絞ってみてください。

Part 4

イスタンブールで出会った猫たち

ほぼ地蔵猫さん

イスタンブールで暮らして3年――これまでにさまざまな猫に出会うことができました。最後の章では、僕が今まで出会った猫たちのなかでも印象的だった子を紹介します。

まずは、ほぼ地蔵の猫さん。この子はいつものお散歩コースの途中にある、化粧品屋さんでかわいがられている猫です。飼い猫ではないのですが、毎日このお店に来てはごはんをもらい、そのまま店先でお昼寝をするのがこの子の日課。

そんな猫ちゃんのためにお店のスタッフは店先に座布団を用意して、そばにはごはんとお水の準備。座布団の上に猫が座れば、僕たちにはもうお地蔵さんのようにしか見えません。座布団の上にお行儀よく座っているときもあれば、熟睡してはみ出てしまうときもあって。実はそんな「ほぼ地蔵」の猫が街にはたくさんいて、見

座布団の上でくつろぐ地蔵猫さん

かけるたびに思わず笑ってしまうんです。

　こういった、お地蔵猫のいる景色が成り立つためにはたくさんの条件が必要です。まずは心温かいお店のスタッフと、それを許すお店のオーナーの存在。それから、猫がいてもまったく気にせず買い物に来るお客さんと、同じく何も気にしない通行人。すべての要素がおおらかに絡み合って、地蔵猫の安眠は作られています。

　きっと本物のお地蔵さんと同じくらい、ご利益のある猫地蔵さん——そんな猫たちを見かけるたびに、なんだかありがたい気持ちになります。

生地屋さんにも

オープンしたばかりのお店の前にも、お水とごはん

商品と並んでますが非売品です

三毛猫バルちゃん

僕のアパートにはうれしいことに警備猫さんがいますが、イスタンブールでは数日の短期滞在でも、猫つきアパートで過ごせたりします。

物件探しに苦労していて、民泊予約サイトを使って1カ月部屋を予約したときのこと。〈猫と一緒のあなたの家〉という宿の名前が気になってしまい、「いったいどんな家なんだろう」とクリックしてみたところ、単に宿の名前なわけではなく、本当に猫が暮らしていて、一緒に過ごせると知ってびっくり。即決で予約し、入居する前からワクワクしていました。予約時には物件のオーナーさんから、猫のお世話をきちんとできるか確認があり、猫ちゃんのために毎日の食事の用意と、適度な遊び、それから猫トイレの掃除を欠かさないことが予約の条件でした。

いざ当日。民泊に到着したのですが、外観やロビーは薄暗くてちょっと怪しい……。急に不安になってしまったのですが、部屋に入ると雰囲気は一変。とても明るくて広くて、キレイな部屋でした。建物が密集した市街地なので景色はよくありませんが、遠くに海も見えます。部屋もいくつか分かれていて、寝室は風通しがよくて気持ちがよさそうだし、別の部屋には洗濯物が干せるバルコニーも。キッチンもキレイで、調味料や調理器具もそろっていてばっちり。

そして、本日の主役・バルちゃんとご対面！　バルというのはトルコ語で「はちみつ」という意味で、当時は1歳に満たない女の子でした。はちみつという名前のとおり、甘えん坊な性格のバルちゃん。人間が大好きなのか、初日から仲良くしてくれて、なんと腕枕で寝てくれたんです……。これこそまさに「至福の時間」。物件探しに悪戦苦闘している時期だったので日々ぐったりしていたんですが、疲れとストレスをバルちゃんがすうっと癒してくれました。

飼い主さんに本当に大切にされていることがわかる、人懐っこいバルちゃん。とってもお利口で粗相をすることもなし……ですが、食事のときだけはちょっとした

宿泊者を夢中にさせる、
バルちゃん

とっても人懐っこい…

腕枕まで！

問題勃発。僕がごはんを食べていると目の前に座ってきて「私も食べたいんですけど！」と言わんばかりの表情で、無言のプレッシャーをかけてくるんです。無言の圧がかわいくて、少しにらめっこをしてからカリカリやおやつをあげていました。

すっかりバルちゃんのトリコになった僕は、予算オーバーにもかかわらず延泊を申請したのですが、残念ながら人気の宿だったため延泊はできませんでした。今もバルちゃんを思い出しては、また会いたいなあと思っています。

「私も食べたい」の圧

ちなみに……その後移動した先の民泊は、お庭に面した1階のお部屋だったので、玄関や窓から普通に地域猫が入ってきていました。猫のことは何も宣伝されていない民泊やホテルでも、1階の部屋なら猫と過ごすチャンスがあるかも。宿のオーナーさん次第ですが、部屋に猫を入れたくらいでは気にしないおおらかな人が多く、いろんな意味でイスタンブールの懐の深さを感じた民泊滞在でした。

チェックアウト時。また会いたいバルちゃん

スーパーでごはんをねだる猫さん

イスタンブールで生活していると、駅やショッピングセンター、本屋さんなど、「え?」と驚くようなスポットで猫に会えますが、一番驚いた猫の出没スポットは「スーパー」です。というのも、いくら人や街が猫におおらかだといっても、さすがに食料品売り場にはいないかな、と思っていたんです。でも僕の予想はいい意味であっさり裏切られました。

ある日、市内のスーパーに行ったときのこと。店の前にはゴロンと横になっている猫、食べ物をもらっている猫、散歩をしている猫など、たくさんの猫が自由に過ごしていました。それ自体はいつもの光景なんですが、いざ入店してみると……なんと店内にも猫がいたんです。

僕が店内に入るとその猫がすり寄ってきて、「こっちのコーナーがおすすめだよ」

と言うかのように、僕をある一角に誘導するんです。それがキャットフードコーナーでした。そこで猫は「これ買って！」と指差す子どものように伸び上がって、商品に爪を立てます。

そんなことを繰り返すのでふと見ると、爪が引っかかって破けてしまっているキャットフードを発見！「これはさすがにヤバいかも!?」となぜか僕が焦っていたところに、店員さんがやってきました。きっと叱られちゃうんだろうな、店から追い出されちゃうかな……とビクビクしていたのですが、店員さんはにっこり笑って猫を撫でてあげています。

これには、イスタンブールの人のおおらかさに慣れたつもりだった僕も驚きました。猫が怒られなかったことにほっとし、イスタンブールの人たちの寛大さに思いを馳せながら買い物を終え、スーパーの外に出て

ごはんをおねだり

みると、数匹の猫が僕のもとにやってきました。ニャーと鳴きながら、ごはんをおねだりしています。

いつもだったら持ち歩いているカリカリをあげるのですが、その日は晩ごはんで食べるはずの買った鶏のレバーをあげてみました。今日食べるはずだったお肉をあげてしまったので、少し質素な晩ごはんになってしまいましたが、うれしそうな猫たちの姿に心はなんだかほっこり。スーパーに行くたびに、このときの出来事を思い出しています。

スーパーには猫のごはんがそろってます

宝石屋さんの招き猫

僕たちのお散歩コースでいつも立ち止まってしまうお店があります。それが角にある宝石屋さん。

僕も妻もアクセサリーにはほとんど興味がないのですが、その店だけはいつもショーウィンドウに釘付け（くぎづ）になります。なぜなら、そこに猫が寝ているから。貴金属が並べられたショーウィンドウの一角には猫用の小さなベッドが置かれていて、そこでいつも同じ猫ちゃんが昼寝をしているんです。

天気がいい日は暖かい日差しが心地良いのか、ガラスに頬をべったりつけて熟睡。大事な商売もそっちのけで、猫のために貴重なスペースを差し出してしまう店主の心意気に感動しました。僕たちのようにこの猫ちゃん目当てで足を止める人も多いので、案外リアルな招き猫として機能しているのかもしれません。

ちなみにこの猫ちゃんは宝石屋さん専属の招き猫ではなく、通りを挟んだ向かいにあるスポーツウェアショップにもよく出入りしています。こちらは宝石屋さんの小さなショーウィンドウとは違って広々。足を伸ばしてぐっすり眠れるので、最近はスポーツウェアショップの招き猫に変わったのかもしれません。

宝石屋さんの名物猫さん

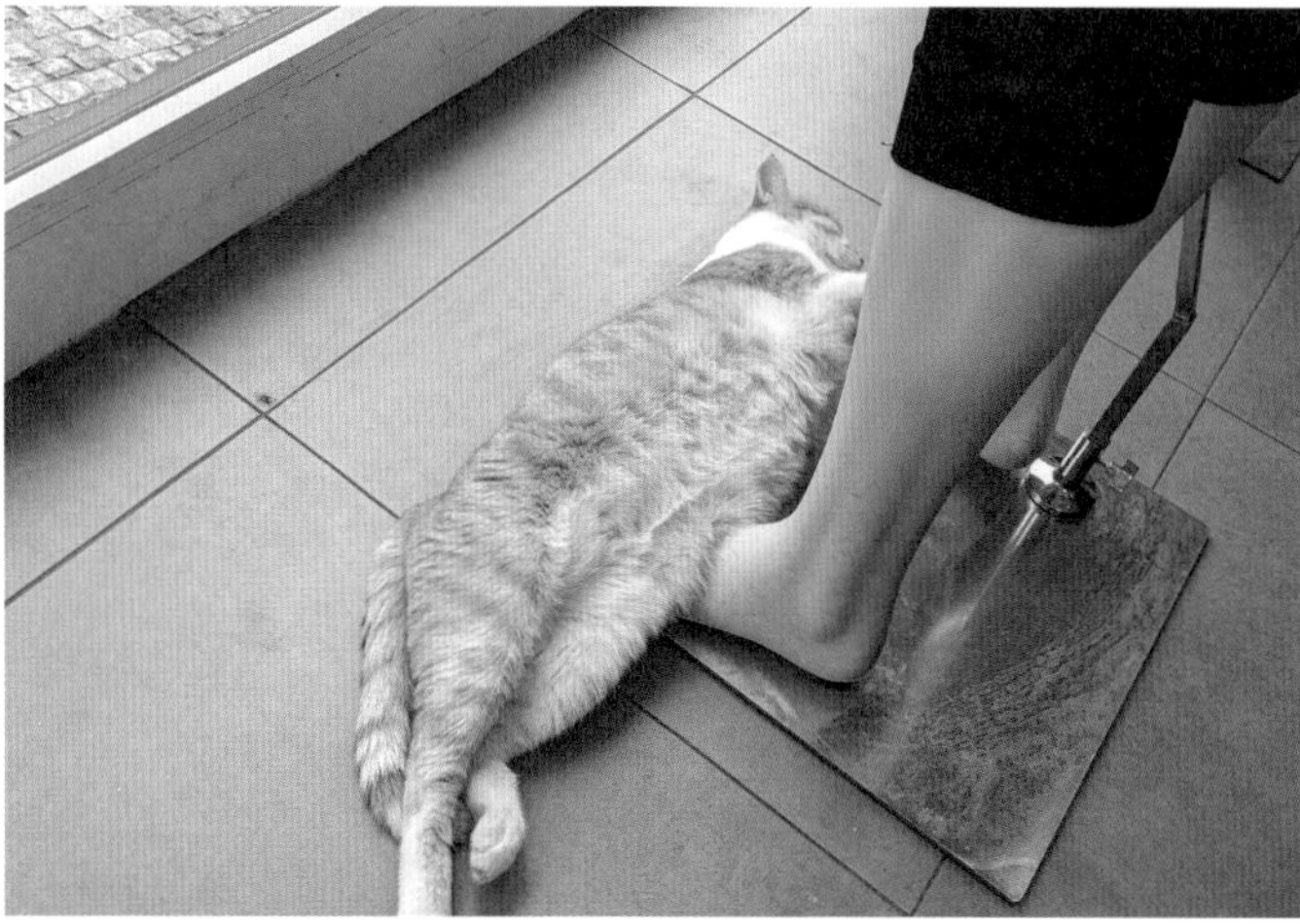

向かいのスポーツウェアショップにて

店内にはお水とごはんが完備

紹介しきれませんでしたがほかにも、モチモチ体型で人気の、おしゃべり声がかわいい三毛ちゃんや、塀の上で人をいつも待っている猫さんなど、イスタンブールには個性豊かな猫たちがたくさん。知り合いのいないこの街に越してきた僕たちでしたが、この子たちのおかげで寂しさを感じることはありませんでした。毎日顔を合わせる近所の子たちは特に、僕にとってもかわいいお友達です。

ベンチに座っていたら猫が膝で寝てしまい、立てなくなったお兄さん

釣り人がいるところに猫あり

王様みたいに優雅に座ってます

「俺の子かわいいだろ？」と自慢するお兄さん

チキン屋さんでアピール中

レストランの前でおこぼれに期待

バイクはやっぱり人気

カフェのテラス席も人気

猫が落ちているモスク

食堂内でも催促

カドゥキョイの海辺で

エフェソス遺跡にも

ユスキュダルのモスクにいたハチワレさん

ベシクタシュで人気のむちむちさん

モスクでおじいさんと

乗り心地のいいバイクを物色中

スィナンパシャモスクにも猫

ボンネットは最高のお昼寝場所

エユップ・スルタン・モスクにて

猫たちもたそがれます

猫が好きすぎるおじさん

ATMで寝る猫

晴れた日に。気持ちがよさそう

植え込みで毛づくろい

おわりに

イスタンブールに移住して3年――今回、この日々を本にするにあたり、僕自身いろんなことを思い出しました。言葉が通じなかったり不動産の契約に苦戦したりと大変だったことも数えきれないほどあったけれど、そのたびに周囲の人に助けられたり、街の猫たちに癒されたり。物騒なニュースも多い昨今、僕たちをとりまく環境はものすごいスピードで目まぐるしく変わっていますが、イスタンブールにやってきた当時も今も、この街は変わらず優しくて温かいです。

観光で色々な国を巡るのも楽しかったけれど、やはり実際にその国に住んでみないとわからないことはたくさんあります。イスタンブールに猫がたくさんいるということ自体は知っていましたが、ここまで街に猫が溶けこんでいるとは正直思ってもいませんでした。行政や地域の活動家たちのおかげで、この幸せが保たれていること。これは尊敬すべき事実だと思います。

ただ、こうして本になった内容を見ていると、イスタンブールは猫たちにとって、すべてが完璧な夢の街のように思われるかもしれませんが、それは違います。この街にもさまざまな課題があって、不幸な運命をたどる猫だってもちろん存在します。だから「トルコはすばらしくて日本はダメ」なんて言うつもりはまったくなく、むしろ行政やまわりの理解が得られにくいなか、日本で保護猫活動に取り組まれている方々に対しては、本当に大きな敬意が示されるべきだと思っています。

どちらが優れているという話ではなく、多様性があるということ。互いにいいところを真似し合うことができれば、きっと猫にとっても人間にとっても暮らしやすい社会が訪れること。そうした理解が広がっていって、いつか日本でも世界でも、動物の悲しいニュースがなくなっていったらいいなと心から思います。

最後になりましたが、この本は決して僕だけの力で作ったものではありません。写真はほとんどすべて妻が撮ってくれたものですし、内容も常に二人で話し合いながら決めました。デザイン面ではアルビレオさんのお世話になり、イラストレーターのタナカケンイチロウさんにはかわいい絵を描いていただきました。文章面では編集協力の本田さんに手伝っていただき、何より編集の松下さんがいなければこの企画は始まりませんでした。エピソードと写真を提供していただいた阿部さん家族とクロチャちゃん、クララさん家族とウニナミちゃん、気さくに写真撮影にも応じてくれた街の人たちとたくさんの猫たち、数え上げればキリがないほどの感謝とともに、楽しく本作りを進めることができました。

この本を手にとってくださったあなたにも、いつかイスタンブールの街角で偶然出会えたらうれしいです。本当にありがとうございました。

アジアねこ散歩

イスタンブールに移住して3年、
日々出会う猫たちの動画や
トルコ情報を投稿している人気SNSアカウント。
たびたびその投稿が
各メディアに取り上げられて話題に。

X
@nekosanpoch

YouTubeアジアねこ散歩ch
youtube.com/@nekosanpoch

猫の都イスタンブールに住んでみた

2024年4月26日発行 第1刷

文・写真　アジアねこ散歩

発行人　鈴木幸辰

発行所　株式会社ハーパーコリンズ・ジャパン
東京都千代田区大手町1-5-1
04-2951-2000（注文） 0570-008091（読者サービス係）

ブックデザイン　albireo

イラスト　タナカケンイチロウ

編集協力　本田千春

印刷・製本　公和印刷株式会社

Printed in Japan
ISBN978-4-596-99286-4